纺织行业温室气体减排路径研究

FANGZHI HANGYE WENSHI QITI
JIANPAI LUJING YANJIU

张中娟 著

中国纺织出版社有限公司

内 容 提 要

纺织行业是我国国际竞争力较强的行业之一，在我国实现“双碳”目标的过程中，将起到积极作用。本书分析了纺织行业生产中能源消耗的状况和趋势，提出行业碳达峰的趋势和设想；通过对纺织行业主要生产工艺流程的分析，确定温室气体排放的关键工序；开展纺织产品碳足迹核算与标识，推行纺织企业温室气体排放核算，通过案例说明碳足迹核算以及温室气体排放核算的工作流程；提出对纺织企业和工业园区进行温室气体减排水平的评价，确定评价的基本方法和原理；分析和提出纺织行业温室气体减排技术的发展方向、需要实施的重要工程以及配套的相关政策。

本书可供纺织企业、科研机构及相关政府部门从事节能减排的工作人员参考，也适合关心气候变化的广大读者阅读，并可为企业、品牌、咨询机构等开展温室气体控制提供指导。

图书在版编目（CIP）数据

纺织行业温室气体减排路径研究 / 张中娟著. -- 北京：中国纺织出版社有限公司，2024. 6

ISBN 978-7-5229-1539-5

Ⅰ.①纺… Ⅱ. ①张… Ⅲ.①纺织工业－温室效应－有害气体－节能减排－研究－中国 Ⅳ. ①X511

中国国家版本馆 CIP 数据核字（2024）第 061114 号

责任编辑：沈 靖 孔会云　　责任校对：寇晨晨

责任印制：王艳丽

中国纺织出版社有限公司出版发行

地址：北京市朝阳区百子湾东里 A407 号楼　邮政编码：100124

销售电话：010—67004422　传真：010—87155801

http://www. c-textilep. com

中国纺织出版社天猫旗舰店

官方微博 http://weibo. com/2119887771

三河市宏盛印务有限公司印刷　各地新华书店经销

2024 年 6 月第 1 版第 1 次印刷

开本：710×1000　1/16　印张：7. 25

字数：83 千字　定价：68. 00 元

前　言

“二氧化碳排放力争 2030 年前达到峰值，努力争取 2060 年前实现碳中和”，是我国向世界做出的庄严承诺。实现“双碳”目标将是我国近期主要的任务，也是我国工业转型的重要举措。纺织行业是我国重要工业之一，是国际竞争力较强的行业之一。纺织行业在我国实现“双碳”目标的过程中，将起到积极且重要的作用。

为全面了解纺织行业温室气体排放的状况，深入开展纺织行业温室气体减排工作，中国纺织工业联合会开展了“纺织行业温室气体减排路径研究”项目。该项目力求达到以下目的：

（1）通过分析纺织行业生产中能源消耗的状况和趋势，提出纺织行业碳达峰的趋势和设想。

（2）通过对纺织行业主要生产工艺流程的分析，确定温室气体排放的关键工序，并研究关键工序的减排方向或技术。

（3）开展纺织产品碳足迹核算与标识，推进纺织企业温室气体排放核算和报告，推动纺织企业温室气体减排。本书通过案例说明碳足迹核算以及温室气体排放核算的工作流程。

（4）提出对纺织企业和工业园区进行温室气体减排水平的评价，确定评价的基本方法和原理。

（5）分析和提出纺织行业温室气体减排技术的发展方向、需实施的重要工程以及配套的相关政策。

该项目中提到的纺织行业包括国民经济分类中的 C17（纺织业）、

C18（纺织服装、服饰业）和 C28（化学纤维制造业）。然而，针对整个纺织行业的发展以及碳达峰的目标而言，还应该包括纺织产品设计、纺织生产技术服务等相关行业。由于数据和资料等的限制，在讨论纺织行业的现状以及能源消耗等问题时，以 C17、C18 和 C28 的统计数据为准。

本书的编著过程中，得到诸多专家的大力支持，在此向他们表示诚挚感谢。

作者

2023 年 12 月

目　录

第1章 纺织行业温室气体排放现状

1.1 纺织行业温室气体排放基本情况

1.1.1 纺织行业的发展情况

我国纺织行业自改革开放以来不断提升发展，已成为国际市场中最具有竞争力的行业之一，同时，也是市场化程度较高的行业之一。随着我国生态文明建设的需要、环境保护要求的提高、国内劳动力等成本的上升以及国际市场的变化，近几年，纺织行业出现了发展平缓的趋势。然而，我国的纺织行业也在进行大的变革，正在从纺织大国向纺织强国转变。2018~2022 年纺织行业规模以上（简称“规上”）企业的数量、营业收入以及从业人数情况见表 1–1。

表 1–1　纺织行业近年规上企业的部分情况

项目		2018 年	2019 年	2020 年	2021 年	2022 年
规上企业数量/家	纺织业	19122	18018	18510	18729	20108
	纺织服装、服饰业	14827	13353	12706	12653	13219
	化学纤维制造业	1832	1882	1937	1989	2167
	合计	35781	33253	33153	33371	35494

续表

项目		2018年	2019年	2020年	2021年	2022年
营业收入/亿元	纺织业	24834	21734.3	23473.8	25714.2	26157.6
	纺织服装、服饰业	14776.4	13198.8	13868.6	14823.4	14538.9
	化学纤维制造业	7581.6	8315.6	7991.1	10262.8	10900.7
	合计	47192	43248.7	45333.5	50800.4	51597.2
从业人数/万人	纺织业	331.8	348	286.1	268.1	265.8
	纺织服装、服饰业	335.6	301.7	263.9	241.7	232.5
	化学纤维制造业	43.3	43.8	42.2	42.6	44.4
	合计	710.7	693.5	592.2	552.4	542.7

由表1-1可知：

(1) 纺织业和纺织服装、服饰业企业数呈小幅的波动，而化学纤维制造业在2018~2022年呈上升趋势。

(2) 总体上，与2018年相比，2022年企业数量下降0.80%，营业收入上升9.33%，从业人数下降23.64%。

纺织行业的发展状况还可以由主要纺织产品产量的变化反映。表1-2是近年规上企业主要纺织产品的产量。

表1-2　近年规上企业主要纺织产品的产量

纺织产品	2018年	2019年	2020年	2021年	2022年
纱/万吨	3078.9	2827.2	2618.3	2873.7	2719.1
布/亿米	698.5	555.2	460.3	502.0	467.5
化学纤维/万吨	5418.0	5883.4	6126.5	6708.5	6697.8

由表1-2可知，2022年与2018年相比，纱产量下降11.69%，布产量下降33.06%，化学纤维产量增加23.62%。

需要说明的是，纱和布都是纺织行业的初级产品，其变化只是在一定程度上反映了纺织行业的发展规模，并不能代表整个纺织行业的发展规模，尤其不能作为纺织行业能源消耗的表征。

1.1.2　纺织行业的能源消耗情况

纺织企业经过十几年的节能减排工作，应用和推广了节能的设备和工艺，加强了管理，较大幅度地减少了生产的能耗，主要纺织产品的单位产品能耗有较大幅度下降，能源利用水平有较大提高。2017~2021 年纺织行业能源消耗总量情况如图 1-1 所示。

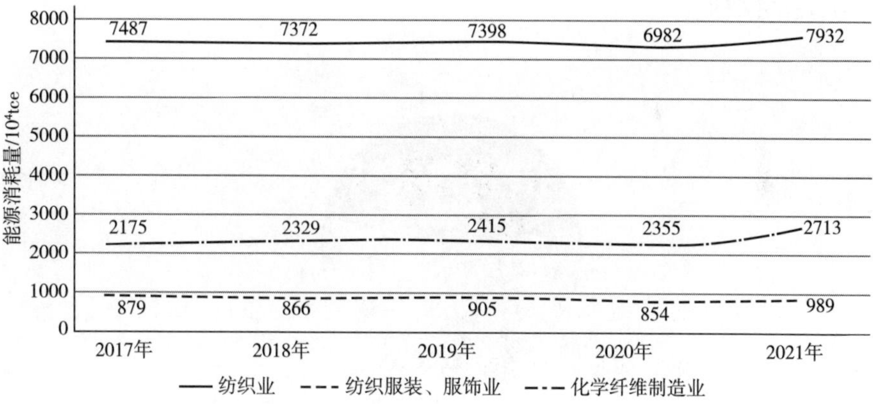

图 1-1　2017~2021 年纺织行业能源消耗总量

图 1-1 反映了 2017~2021 年纺织行业能源消耗总量的变化。纺织业的能源消耗有一定幅度的波动，化学纤维制造业的能源消耗略有增加，而纺织服装、服饰业的能源消耗总量较小，有少许增长。

2017~2021 年纺织行业能源消耗总量的占比情况如图 1-2 所示。

由图 1-2 可知，纺织行业能源消耗总量占全国能源消耗总量以及工业能源消耗总量的比例都先降后升。

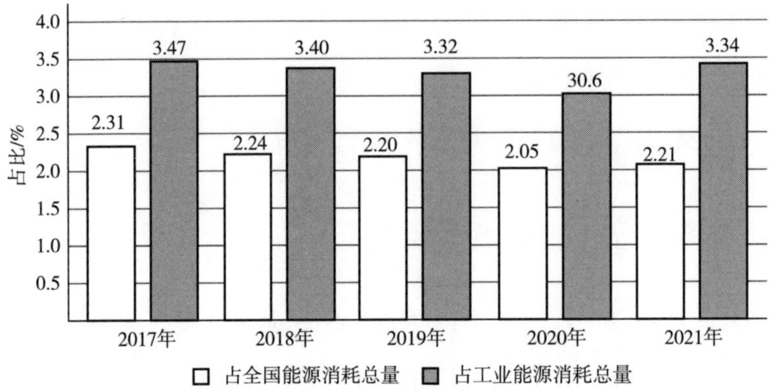

图 1-2　2017~2021 年纺织行业能源消耗总量的占比

纺织行业能源消耗的种类较多，图 1-3 所示为 2021 年纺织行业能源消耗的结构。

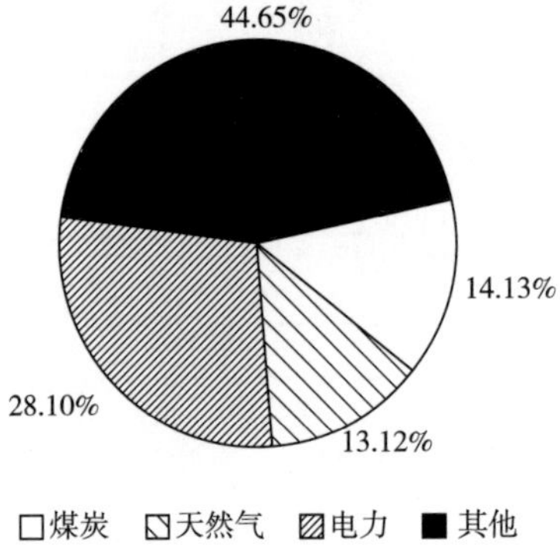

图 1-3　2021 年纺织行业能源消耗的结构

由图 1-3 可知，电力、煤炭和天然气是纺织行业的主要能源种类。需要说明的是，在中国统计年鉴中没有统计再生能源和蒸汽的消耗量。在实际工作中，许多纺织企业使用蒸汽等热力的量较大，同时，再生能源在纺织行业中也有使用，故将可再生能源和蒸汽也并入能耗中。

规上企业主要单位产品能源能耗的变化可以反映出纺织行业节能降

耗所取得的成效。表 1-3 所示为根据部分规上企业数据统计得到的主要单位产品综合能耗的变化情况。

表 1-3　部分规上企业主要单位产品综合能耗

序号	品种	单位	数值	中位值
1	机织坯布	kgce/hm	18~34	26
2	针织坯布	kgce/t	83.5~117.98	100.74
3	棉机织染整布	kgce/hm	21.34~32.99	27.17
4	化纤机织染整布	kgce/hm	19.20~26.30	22.75
5	多纤维机织染整布	kgce/hm	29.00~41.23	35.12
6	棉针织染整布	kgce/t	651~1672	1162
7	棉针织印花布	kgce/t	1120~2522	1821
8	弹力棉针织染整布	kgce/t	800~1822	1311
9	弹力棉针织印花布	kgce/t	1270~2624	1947
10	化纤针织染整布	kgce/t	488~1200	844
11	化纤针织印花布	kgce/t	896~2056	1476
12	棉/化纤针织染整布	kgce/t	866~2173	1520
13	棉/化纤针织印花布	kgce/t	1550~2741	2145
14	棉筒子染色纱	kgce/t	579~1103	841
15	化纤筒子染色纱	kgce/t	610~1200	905
16	混纺筒子染色纱	kgce/t	758~1350	1054

以上数据是“十三五”后期统计的数据，与“十二五”后期相比，有较大幅度的降低。

1.1.3　纺织行业的碳排放情况

依据纺织行业 2017~2021 年的能源消耗情况，计算出纺织行业近年能源消耗所产生的 CO_2 排放量，如图 1-4 所示。

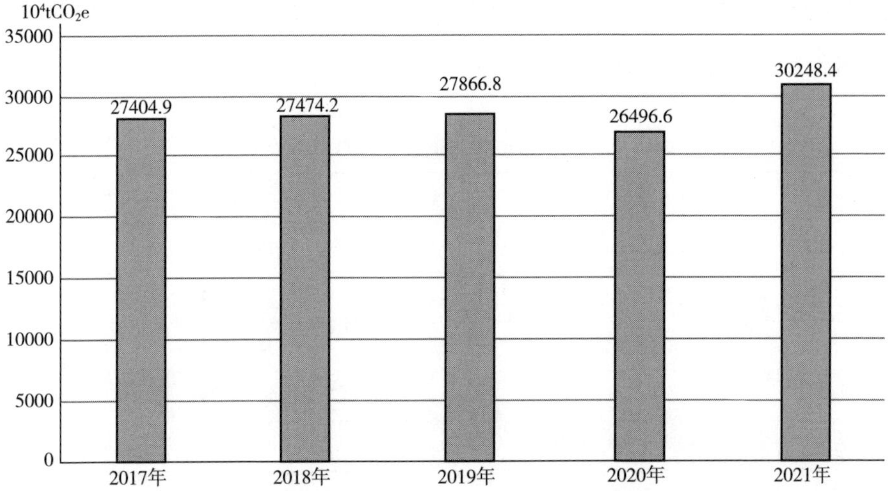

图 1-4　2017~2021 年纺织行业基于能源消耗的 CO_2 排放量

由图 1-4 可知，近年来纺织行业能源消耗导致的 CO_2 排放量明显下降，这个趋势可以代表纺织行业温室气体排放的趋势。

1.1.4　纺织行业的碳达峰情况

1.1.4.1　纺织产品生产和贸易

纺织行业的碳排放一直是国际上讨论的重点，纺织行业碳减排和碳达峰与纺织行业的生产和贸易有关。由于难以获得世界各国和各地区纺织行业产量的数据，只能是以出口数据说明其生产的状况。表 1-4 所示为 2021 年全球主要纺织品、成衣出口国家和地区的出口额数据。

表 1-4　全球主要纺织品、成衣出口国家和地区的出口额（2021 年）

排序	国家和地区	总额/亿美元	纺织品/亿美元	成衣/亿美元	占比/%
1	中国内地	3216. 2	1455. 7	1760. 5	35. 6
2	欧盟	2245. 9	735. 7	1510. 1	24. 9

续表

排序	国家和地区	总额/亿美元	纺织品/亿美元	成衣/亿美元	占比/%
3	越南	426.5	114.7	311.8	4.7
4	德国	416.6	150.4	266.2	4.6
5	意大利	392.5	119.1	273.4	4.3
6	印度	383.8	222.3	161.5	4.2
7	孟加拉国	379.5	21.4	358.1	4.2
8	土耳其	339.0	151.7	187.3	3.8
9	荷兰	239.0	73.6	165.4	2.6
10	西班牙	213.9	49.9	164.0	2.4

由表 1-4 可知，发达国家和地区纺织行业生产所占的比例已经很小，主要依赖进口满足国内消费者的需求。表 1-5 所示为 2021 年全球主要纺织品、成衣进口国家和地区的进口额数据。

表 1-5　全球主要纺织品、成衣进口国家和地区的进口额（2021 年）

排序	国家和地区	总额/亿美元	纺织品/亿美元	成衣/亿美元	占比/%
1	欧盟	2752.5	794.5	1957.9	28.5
2	美国	1458.4	395.6	1062.9	15.1
3	德国	597.1	155.4	441.7	6.2
4	日本	358.2	92.9	265.3	3.7
5	法国	352.3	86.3	266.0	3.6
6	英国	312.1	79.8	232.3	3.2
7	中国	284.7	161.7	123.1	2.9
8	意大利	268.2	88.7	179.5	2.8
9	西班牙	254.3	55.5	198.7	2.6
10	荷兰	254.0	69.8	184.2	2.6

结合表 1-4 可知，国际纺织产品生产和消费分成两条线展开。发达国家和地区不生产或少生产纺织产品，通过贸易的方式得到，最后用于国内的消费，纺织行业发展和碳排放量增加的主要动力是消费。对于发达国家和地区，甚至全球而言，纺织行业的碳达峰和碳减排更应该关注贸易和消费过程，而不是生产过程。

1.1.4.2 纺织产业链碳排放

国际纺织产业链碳排放分析要关注纺织产业链的特点，即生产与消费是在不同的国家和地区。纺织产品消费大国是在欧美等发达国家和地区，而纺织产品生产是以发展中国家和地区为主。纺织产业链碳减排有生产端碳减排和消费端碳减排。国际纺织产业链碳排放研究得较多的是消费端的碳排放以及贸易驱动的碳排放，称为贸易隐含碳增加。

全球服装行业碳排放超过 50% 为贸易驱动的碳排放，发展中国家和地区贸易隐含碳增加明显，其特征是从发达国家和地区向亚太地区发展中国家和地区转移。碳排放强度的降低是抑制全球服装行业碳排放增长的最主要因素，其重点在于能源消耗强度。人均服装消费的增加是全球服装行业碳排放增长的主要推动因素。

总体上，发达国家和地区纺织行业碳排放已经达到最高值，即已达峰，而发展中国家和地区纺织行业碳排放尚未达峰。

1.2 纺织行业温室气体排放趋势

1.2.1 纺织行业的发展趋势

我国纺织行业正逐步从“纺织大国”向“纺织强国”转变。在向纺织强国的转变中，不仅体现在产品和工艺创新、市场开拓和市场竞争力的提高，同时也体现在能源利用效率和水利用效率的提高。纺织行业经过十几年节能减排和清洁生产审核，大量应用先进的工艺和装备，企业管理水平大幅度提高，单位产品的综合能耗、单位产品的耗水量以及污染物产生量都有大幅度下降，部分先进企业的能耗和水耗已经接近或超过国际先进水平。纺织企业前期节能降耗的工作为纺织行业实现“双碳”目标打下了良好的基础。

随着我国产业的升级换代，国内劳动力价格和能源价格的上升以及环境保护力度的加大，纺织行业的发展趋缓，相当一部分的企业向国外转移。纺织行业的发展趋势出现许多不确定性。

我国纺织行业发展的动力在于：我国人均纺织产品消耗水平还是很低，我国生产的纺织产品在国际市场仍有较强的竞争力，并已经逐步走向中高端产品市场，结合国内纺织生产技术水平的情况，纺织行业进一步发展仍有一定的空间和需求。化学纤维生产和印染生产是资本密集和技术密集的产业，也是对产业链要求较高的产业，不是一般国家能够满足或做到的，我国有很强的竞争优势。

我国纺织行业发展的阻力在于：

第一，化学纤维制造、纺纱和织布的生产能力已经很强，继续发展存在产能过剩的风险。我国纺织印染生产的产能也相当大，而其发展会带来相当大的环境问题，许多地区都将印染生产作为限制发展的产业。能源和原材料价格的上升、环保费用的增加以及劳动力成本的增加都降低了我国印染行业的竞争力。制衣属于传统的劳动力密集型产业，在生产自动化和机械化水平没有很大突破的情况下，要大力发展是有困难的。可见，现实情况是不利于纺织行业的大发展的。

第二，东南亚等发展中国家都将纺织行业作为本国工业发展的支柱。东南亚等发展中国家劳动力成本较低，暂时没有受到欧美国家贸易战的影响，对当地纺织行业的发展有一定的促进作用，与我国形成了竞争，这对我国纺织行业的发展不利。

综合各种相关影响因素，可以认为我国纺织行业在今后一定时期仍将有增长的空间。但是，需要说明的是，这种增长应该以产值计算，而不是以产量计算。纺织行业的增长是就整个行业而言，而不是专指某些主要产品，尤其是不以传统产品的产量来衡量，近几年非织造布的高速发展就可以说明这种趋势。纺织行业的发展还包括围绕纺织行业的相关行业的发展和延伸，如纺织产品设计和开发、纺织机械研究和开发、纺织化学品的研究和发展、纺织品检测以及检测技术的发展等。

1.2.2 纺织行业的能源消耗趋势

纺织行业的能源消耗趋势有以下几个特点：

（1）能源消耗结构将有很大的变化，化石能源的占比将进一步下降，大量的纺织企业进入工业园区将增加蒸汽和热水的消耗量，减少煤和油等化石能源消耗量。

（2）能源种类会增多，突出的是再生能源的使用。再生能源，尤其是太阳能，消耗量和占比都会增大。

（3）能源价格的不断上升以及环境保护要求的日渐严格，新设备和新工艺的应用以及余热回收利用技术广泛使用，促进了单位产品综合能耗进一步下降。

（4）生产设备自动化程度的提高、环保治理设施管理要求的提高以及生产环境的改善都会使电耗呈明显增长的趋势。

（5）纺织产品产量将增加不大或有所下降，单位产品综合能耗将有进一步的下降，将导致整个纺织行业的能源消耗总量增加不大或略有下降。

纺织行业温室气体排放是以能源消耗排放为主，综上所述，纺织行业的发展趋势是能源消耗量保持稳定或略有下降，这种趋势有利于纺织行业温室气体减排和碳达峰。

1.2.3 纺织行业的碳达峰趋势

决定纺织行业碳达峰的因素有纺织行业发展规模以及纺织行业万元产值碳排放量的变化。但是，目前缺乏纺织行业万元产值 CO_2 排放量的数据，也缺少纺织行业今后发展增长率的数据，只能是对过去几年的有关数据进行分析和推论。图 1-5 是 2017~2021 年纺织行业主营业务收入和能源消耗的 CO_2 排放量。

根据纺织行业主营业务收入和能源消耗的 CO_2 排放量计算出纺织行业万元主营业务收入的 CO_2 排放量，见表 1-6。

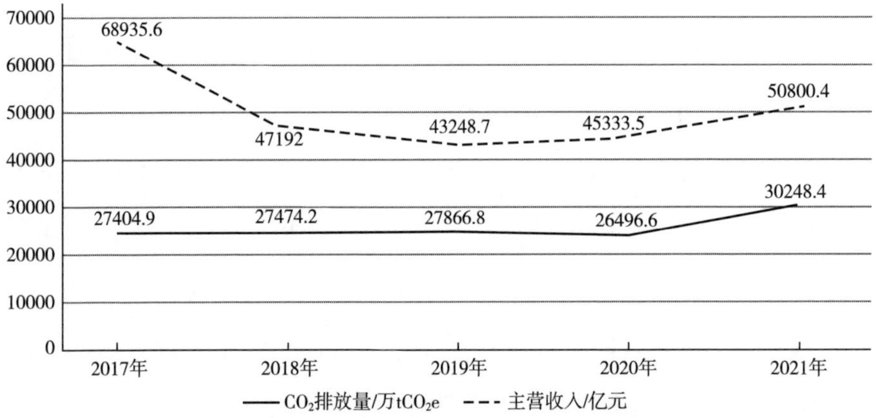

图 1-5　2017~2021 年纺织行业主营业务收入和能源消耗的 CO_2 排放量

表 1-6　2017~2021 年纺织行业万元主营业务收入的 CO_2 排放量

年度	2017 年	2018 年	2019 年	2020 年	2021 年
万元主营业务收入的 CO_2 排放量（tCO_2e/万元）	0. 40	0. 58	0. 64	0. 58	0. 60

由表 1-6 可知：

（1）近年来，万元主营业务收入的 CO_2 排放量变化不大，且略有上升，这与纺织行业市场变化以及较多企业搬迁改造等因素有关。

（2）考虑到主营业务收入值大于工业增加值，同时，纺织行业 CO_2 排放总量应大于能源消耗的排放量，预计纺织行业工业增加值 CO_2 排放量在 0. 65tCO_2e/万元。

《纺织行业“十四五”发展纲要》提出，“十四五”时期末，纺织行业用能结构进一步优化，能源和水资源利用效率进一步提升，单位工业增加值能源消耗、CO_2 排放量分别降低 13. 5%和 18%。就是单位工业增加值能源消耗和 CO_2 排放量每年分别降低 2. 7%和 3. 6%。

“十三五”期间，纺织行业生产规模整体处于低速增长阶段，棉纺、印染、服装等主要环节总生产能力已基本达到峰值，后续随市场需求有小幅波动，化学纤维行业在应用需求下仍处于产能增长阶段。从碳排放趋势看，棉纺、印染、服装由于生产规模基本达到峰值，单位产品能耗随技术进步逐步下降，预计“十四五”期间实现碳达峰，后续进入碳减排阶段。化学纤维行业综合考虑产量增加、能耗降低、能源结构优化等因素，预计“十五五”期间实现碳达峰。

第2章
纺织行业温室气体减排评价体系

2.1 纺织行业温室气体排放的分类

2.1.1 纺织行业温室气体排放核算边界

国际上定义的温室气体包括 CO_2、甲烷（CH_4）、氧化亚氮（N_2O）、氢氟烃（HFCs）、全氟碳（PFCs）和六氟化硫（SF_6）等6种气体。我国“双碳”目标仅限于 CO_2 和 CH_4。纺织行业的温室气体排放有燃料燃烧排放、生产过程排放、废水处理排放以及购入电力、热力产生的排放，其中，购入电力、热力产生的排放属于间接排放，其余的属于直接排放。纺织行业温室气体排放的总量是各种排放量的总和。

纺织行业温室气体排放核算和计算的边界如图2-1所示。

对图2-1有如下几点说明：

（1）图中的边界条件中包括厂区内运输的温室气体排放。

（2）考虑到我国纺织行业的实际情况，场外运输包括原材料的运输（输入）和产品的运输（输出），基本上都是由客户、原材料供应商等第三方负责。因此，场外运输的温室气体排放量没有考虑在纺织行业温室气体排放之内。

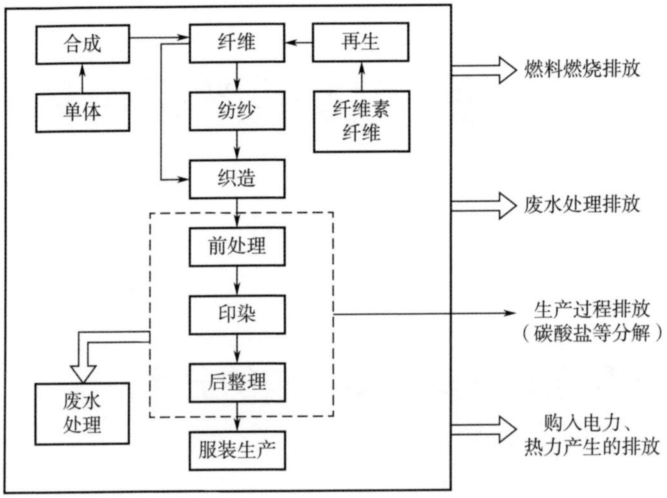

图 2-1　纺织行业温室气体排放核算和计算的边界

2.1.2　燃料燃烧温室气体排放

纺织行业生产过程中各种燃料燃烧后产生的 CO_2 排放，包括煤、焦炭、柴油、重油、水煤气、天然气和液化石油气等在固定设备（各种生产设备）或移动燃烧设备（场内运输车辆及搬运设备等）中发生氧化燃烧过程产生的 CO_2。燃料燃烧的排放是各种燃料燃烧排放的总和，如果厂区内运输使用的是电车，电厂的充电在厂区内，这部分应计算在购入的电力排放量。

2.1.3　生产过程温室气体排放

生产过程温室气体排放是指在生产过程中使用各种碳酸氢盐和碳酸盐所排放的 CO_2，其排放总量是各种碳酸盐和碳酸氢盐消耗释放 CO_2 的总量之和。

碳酸盐和碳酸氢盐的使用主要是在两个方面，一是在印染过程中，前处理、固色或后处理都有使用碳酸钠和碳酸氢钠的可能；二是在污染物处理过程，最常见的是在燃煤锅炉烟气的脱硫处理中使用石灰石。

2.1.4　购入电力和热力温室气体排放

进入园区后的纺织企业，能源消耗结构是以热力和电力为主。由此产生纺织企业购入电力和热力的温室气体排放。热力包括不同压力的各种蒸汽和不同温度的各种热水。购入电力和热力的温室气体排放量由购入量、热力学参数以及相关排放因子计算得到。

考虑到部分自备电厂或自备锅炉的纺织企业有向外输出蒸汽和电力的可能，在计算温室气体排放时应减去输出热力和电力的温室气体排放。

2.1.5　废水处理温室气体排放

纺织企业在生产过程中会产生一定量的废水，如果废水处理过程有厌氧工艺则有温室气体甲烷产生，因此废水处理温室气体排放实际上是甲烷排放。根据国际惯例，甲烷排放量应计入纺织行业温室气体排放量。废水处理排放的甲烷量与废水量和厌氧过程化学需氧量（COD）的量有关。

2.1.6　锅炉烟气处理温室气体排放

部分拥有自备锅炉的纺织企业，在锅炉烟气脱硫的过程中会采用石灰石脱硫。石灰石脱硫过程会排放 CO_2，其排放量取决于使用石灰石的纯度和量。

2.2　纺织行业温室气体减排关键工艺

2.2.1　纺织生产过程

纺织生产，包括纺纱和织布的生产。

2.2.1.1　纺纱

以棉纱的生产为例说明纺纱生产的工艺流程，如图 2-2 所示。

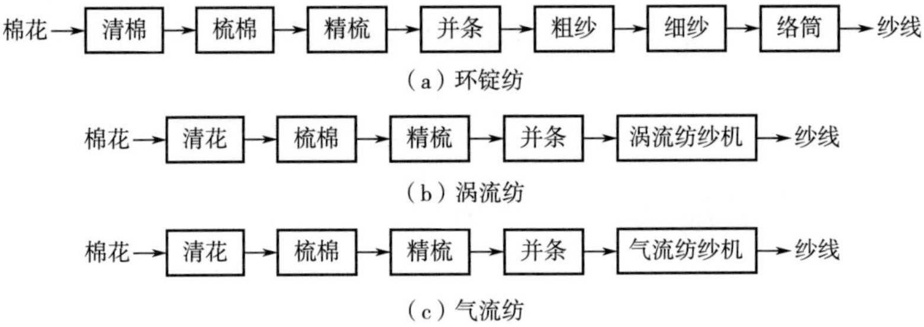

图 2-2　纺纱生产工艺流程

纺织生产消耗的能源种类比较简单，有电力和少量的热力。热力有直接购入的，也有部分是企业燃烧燃料产生的。纺织生产的温室气体排放主要是来自电力和少量的热力。

2.2.1.2　织布

机织布织造工艺流程如图 2-3 所示。

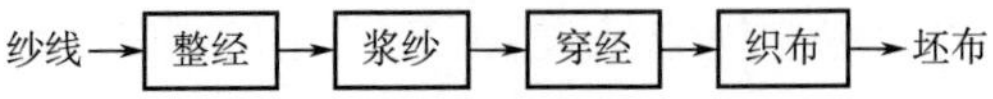

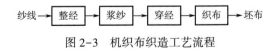

图 2-3　机织布织造工艺流程

机织布生产消耗的能源主要为电力和蒸汽，其中织机是耗电量较大的生产工序，而浆纱工序需要使用蒸汽。织布和浆纱工序是织造生产中主要的用能工序。

针织布分纬编针织布和经编针织布，两种针织布织造工艺流程如图 2-4 所示。

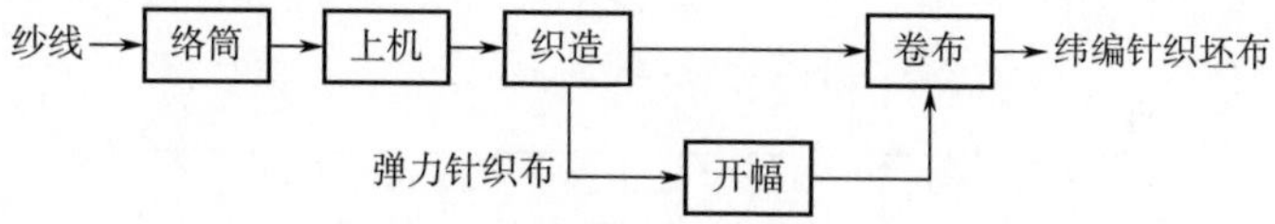

（a）纬编针织布

（b）经编针织布

图 2-4　两种针织布织造主要工艺流程

织造工序是针织坯布生产过程中耗电量最大的工序，因而也是温室气体排放量最大的工序。在经编针织布织造过程中需要恒温条件，因此，辅助生产设备的 CO_2 排放量占比较大。

2.2.2　印染生产过程

印染生产过程是耗能较大、使用能源种类较多以及温室气体排放量最大的环节。印染生产过程中，除了能源消耗时有温室气体排放外，生产过程和废水处理过程中也会有温室气体排放，其中，生产过程主要是由于碳酸盐的使用，废水处理过程主要是厌氧阶段生产甲烷。印染生产的产品种类也比较多，最常见的是机织染整布、针织染整布和印花布。

2.2.2.1 染整生产

染整产品的种类较多，每个种类都有各自的特点。以常规生产工艺流程为例，说明各个工序排放温室气体的特点，一些特殊的加工工艺，如磨毛、剪毛和功能性处理等，没有包括在常规生产工艺之中。

(1) 机织布的染整。机织染整布生产工艺流程如图 2-5 所示。

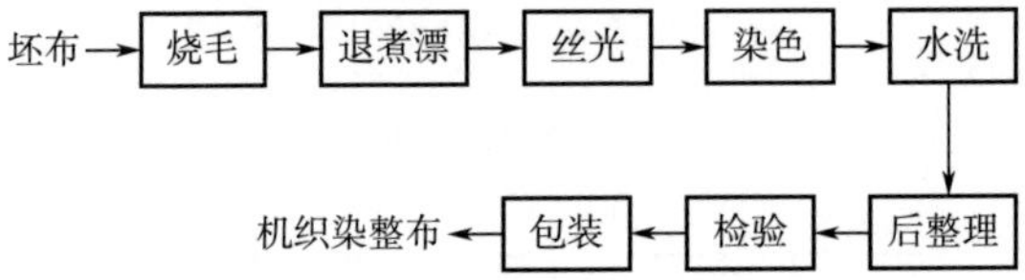

图 2-5　机织染整布生产工艺流程

需要说明的是，图 2-5 所示为机织染整布的常规生产工艺流程，而机织染整布的染整生产有多种方式，如浸染工艺、轧染工艺以及冷堆法染色。在机织布染整过程中，烧毛、退煮漂、染色和定形是温室气体排放的关键工序。

(2) 针织布的染整。针织染整布的生产工艺流程如图 2-6 所示。

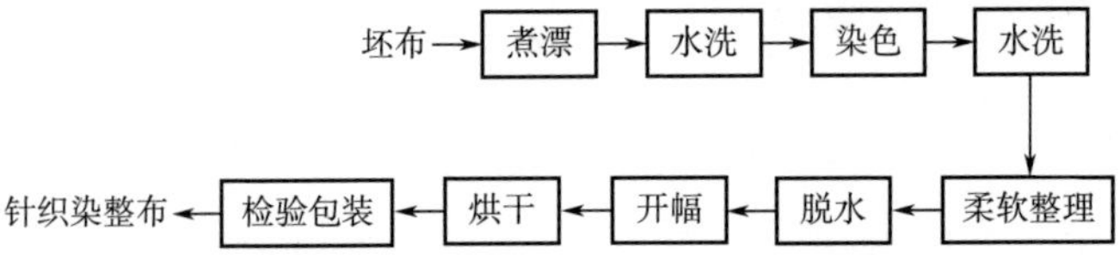

图 2-6　针织染整布的生产工艺流程

近十几年来，针织染整布的生产工艺有很大的改进，平幅煮漂、平幅水洗以及冷堆法煮漂和染色等工艺已得到广泛的运用。在针织染整布生产中，煮漂、染色和定形是温室气体排放的关键工序。由于定形工序可以有不同的能源种类，定形过程中 CO_2 排放量与能源种类的关系见表 2-1。

表 2-1　定形过程中 CO_2 排放量与能源种类的关系

项目	单位	定形过程			
热源	—	导热油	天然气	液化石油气	过热蒸汽
能源种类	—	无烟煤	天然气	液化石油气	无烟煤
单位产品定形热耗	kgce/hm	23	38	36	52
能源实物量	t/hm 或万 m^3/hm	0.027	0.028	0.021	0.066
单位产品碳排放量	tCO_2/万 m	8.12	6.18	6.51	21.43

注　表中数据没有考虑定形废气余热回收。

由表 2-1 可知，不同热源的定形过程中，单位产品碳排放量有较大差异，使用过热蒸汽时 CO_2 排放量最大，使用天然气时 CO_2 排放量最小。

2.2.2.2　印花生产过程

印花生产包括机织布印花和针织布印花，是一个十分重要的生产工序。印花可以分成匹布印花和服装裁片印花，还可以分为染料印花和涂料印花。印花有多种生产工艺和多种产品，但产量较大的仍是匹布的平网印花、滚筒印花和圆网印花。在印花生产过程中，织物都是经过染色或前处理的。图 2-7 是典型的印花生产工艺流程。

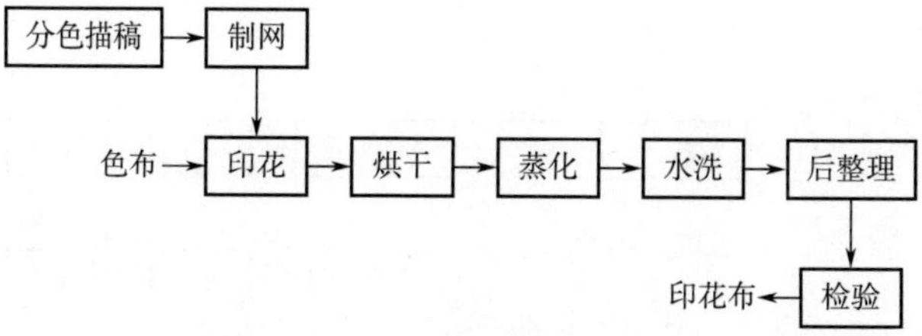

图 2-7　印花生产工艺流程

在印花工序有能源消耗排放和碳酸盐排放，蒸化工序和定形工序是主要能源消耗工序。因此，印花生产中，印花工序、蒸化工序和定形工序是温室气体排放的关键工序。

涂料印花不需要水洗，而染料印花必须水洗，两者的能耗不同导致 CO_2 排放量不同。表 2-2 是染料印花和涂料印花单位产品 CO_2 排放量的情况。

表 2-2　染料印花和涂料印花单位产品 CO_2 排放量

项目	单位	染料印花	涂料印花
单位产品电耗	kW · h/hm	80	60
单位产品热能消耗	kgce/hm	25. 2	20. 6
单位产品 CO_2 排放量	tCO_2/hm	0. 1322	0. 1048

由表 2-2 可知，染料印花单位产品 CO_2 排放量要比涂料印花单位产品 CO_2 排放量高约 30%。

2. 2. 3　服装生产过程

随着我国人民生活水平的提高，服装的种类增加，促使服装加工工艺出现多样化。除了传统的机织服装和针织服装，还有无缝边服装等。服装生产工艺还应包括服装染色和水洗工序，在此以牛仔服装生产工艺为例，如图 2-8 所示。

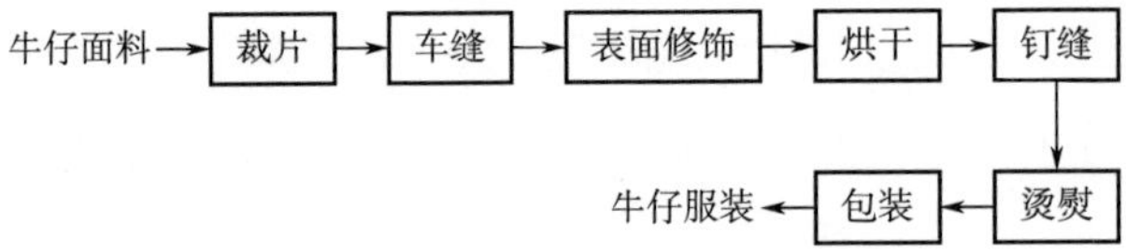

图 2-8　牛仔服装生产工艺流程

在服装生产过程中需要水洗，而水洗工序是能耗最大的工序之一，也是温室气体排放的关键工序。

2.2.4　非织造布生产过程

与传统的纺织品比较，非织造布具有较低的生产能耗和水耗。非织造布的用途很广，是很有应用前景的纺织品之一。非织造布的种类很多，相应的生产工艺流程也很多。在此以熔喷非织造布生产工艺为例，说明非织造布生产工艺流程，如图 2-9 所示。

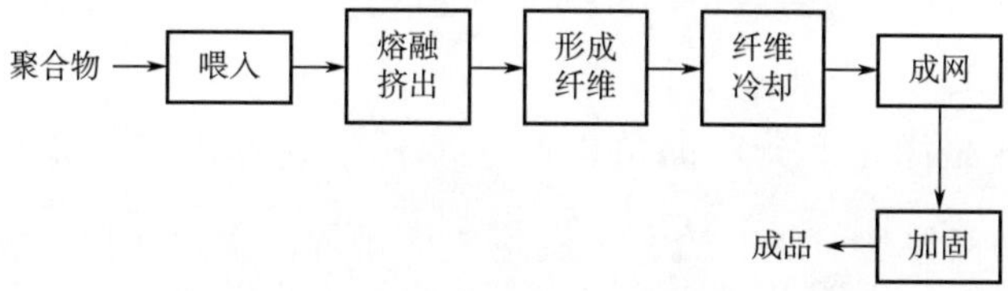

图 2-9　熔喷非织造布生产工艺流程

在熔喷非织造布生产工艺流程中，熔融挤出和纤维冷却工序耗能较大，是非织造布生产时温室气体排放的关键工序。

2.2.5　化学纤维生产过程

化学纤维包括合成纤维（如涤纶、锦纶、腈纶、丙纶和氨纶）和再生纤维（如黏胶纤维）。化学纤维的品种很多，其中产量较大和应用较广的有涤纶、锦纶、腈纶和黏胶纤维。化学纤维制造生产规模大，以连续化生产为主，自动化水平较高，能源利用水平较高。不同品种化学纤维的生产工艺有所不同，其温室气体排放的关键工序也有所不同。图 2-10 是涤纶短纤维生产工艺流程图。可见，涤纶短纤维的生产工艺流程较长。

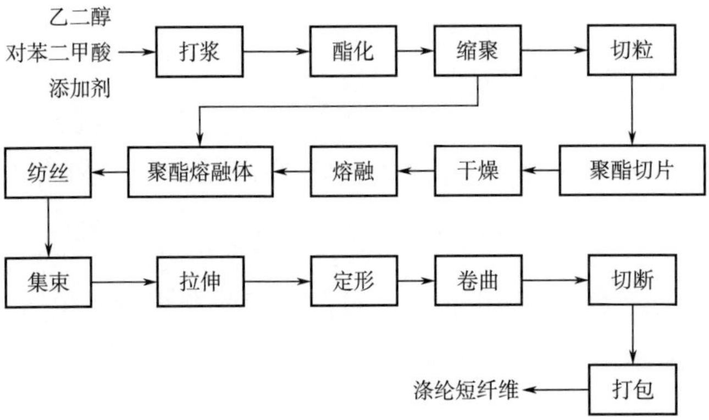

图 2-10　涤纶短纤维生产工艺流程图

表 2-3 是涤纶部分产品单位产品能耗限额标准中的指标，通过这些指标可知涤纶生产工艺流程中温室气体排放的关键工序是纺丝、切片和加弹工序。

表 2-3　涤纶部分产品单位产品能耗指标

序号	工序		指标/(kgce/t)	数据来源
1	聚酯聚合工序		≤90	GB 36889—2018《聚酯涤纶单位产品能源消耗限额》
2	纤维即聚酯切片固相缩聚工序		≤85	
3	熔体直接纺丝工序	工业长丝	≤165	
4		短纤维	≤100	
5	纤维级聚酯切片纺丝工序	工业长丝	≤195	
6		短纤维	≤155	
7	涤纶长丝加弹工序	拉伸变形丝 DTY（网络喷嘴压力≤0.12 MPa）	≤118	
8		拉伸变形丝 DTY（网络喷嘴压力≥0.35 MPa）	≤165	

2.2.6　废水处理过程

纺织行业废水处理工艺是物化处理和生化处理相结合的工艺流程。厌氧工序是产生甲烷的工序，耗氧工序是耗电量最大的工序。因此，废水处理过程中厌氧工序和耗氧工序是温室气体排放的关键工序。

2.2.7　辅助生产设备

在纺织生产过程中，耗能较大的辅助生产设备有锅炉（包括蒸汽锅炉、有机载体锅炉和热水锅炉）、空压机和风机等，其中，最主要的是锅炉。影响锅炉碳排放的主要因素是燃料，使用不同燃料的锅炉产生的 CO_2 排放量见表 2-4。

表 2-4　使用不同燃料的锅炉产生的 CO_2 排放量

项目	单位	循环流化床锅炉	燃气锅炉
燃料	—	无烟煤	天然气
设计蒸发量	t/h	30	30
热效率	%	85	92
单位蒸汽碳排放量	tCO_2/t	0.39	0.16
单位能耗碳排放量	tCO_2/tce	3.53	1.63
对应排放因子	tCO_2/GJ	0.12	0.06

由表 2-4 可知，以无烟煤作为燃料产生的 CO_2 排放量是以天然气作为燃料的 2 倍。

2.3 纺织行业温室气体减排评价体系指标和评价方法

2.3.1 温室气体减排评价

温室气体减排评价是指对企业温室气体减排成效的评价。在国家实现“双碳”目标过程中，对纺织企业温室气体减排进行系统评价是十分必要的。对企业进行系统的温室气体减排评价可以激励和促进企业开展温室气体减排工作，也为企业温室气体减排工作指明方向。在开展企业温室气体减排评价时，要考虑企业的多样性和复杂性，同时要考虑企业产品、企业规模、生产工艺、能源消耗种类、能源来源以及污染物等因素。根据各细分行业的特点制定相应的评价体系是对企业开展温室气体减排评价的基础。本书根据国家设定的目标和行业的基本情况，提出企业温室气体减排评价体系的通则、架构以及基本评分方法。纺织细分行业要根据细分行业的特点，结合通则要求和原则，提出或制定细分行业温室气体减排评价体系。

2.3.2 温室气体减排评价体系指标

纺织行业温室气体减排评价体系设定温室气体减排管理、温室气体减排技术运用和温室气体减排目标等三个一级指标。在一级指标内再设置若干二级指标。

温室气体减排管理是针对企业对温室气体减排工作的重视程度和管

理水平，设立 8 个二级指标。

温室气体减排技术运用是针对企业在生产中运用温室气体减排技术的情况，设立 8 个二级指标。

温室气体减排目标是针对企业温室气体减排工作的成效，围绕温室气体排放强度和排放总量开展评价，设立 5 个二级指标。

需要说明的是：

（1）在评价体系中，没有将企业在评价期间是否出现重大的安全事故、环保事故和其他影响不好的事件列入指标。在制定各细分行业评价体系时，发生各种重大事故应该作为否定项。

（2）在二级指标中，部分是定性指标，部分是定量指标。

2.3.3　温室气体减排评价体系评价方法

2.3.3.1　指标及权重值

纺织行业温室气体减排评价指标体系的指标和权重值可见表 2-5。

表 2-5　纺织行业温室气体减排评价指标体系的指标和权重值

一级指标	一级指标权重值	二级指标	二级指标权重值
温室气体减排管理	14	成立领导小组，明确负责人	2
		领导小组定期研究和部署工作	1
		建立相应的奖惩制度	1
		进行碳排放信息披露	1
		* 建立温室气体排放监测体系	2
		* 设立温室气体排放数据台账	2
		按要求对计量器具和在线检测仪表进行维护和校正，并记录存档	2
		委托第三方开展碳排放核算	3

续表

一级指标	一级指标权重值	二级指标	二级指标权重值
温室气体减排技术	42	安排资金用于温室气体减排技术研发或改造	4
		开展产品碳足迹分析	3
		开展低碳产品设计	3
		研究和引进减排工艺、技术和设备	6
		* 淘汰落后产能、落后用能设备	3
		开展碳捕获技术研究或应用	5
		使用再生能源种类	3
		再生能源利用量占总能耗比例	15
温室气体减排目标	44	设立和完成年度温室气体排放强度降低目标	5
		达到温室气体排放强度目标	15
		温室气体排放强度的水平	4
		* 设立和达到碳排放总量目标	2
		超额完成年度碳排放总量目标	18

表 2-5 中，部分带 * 的二级指标为限定项。若限定项未能得满分，则该企业不能被评价为温室气体减排优秀企业。

2.3.3.2 二级指标要求

纺织行业温室气体减排评价指标体系中二级指标的要求见表 2-6。

表 2-6 纺织行业温室气体减排评价指标体系中二级指标的要求

序号	二级指标	得分要求
1	成立领导小组，明确负责人	成立企业一级的领导机构，要明确小组的负责人以及各成员的职责。小组负责人由副总经理或以上职务的人员担任

续表

序号	二级指标	得分要求
2	领导小组定期研究和部署工作	领导小组每季度召开不少于 1 次会议，研究企业的情况、正在进行的项目以及计划进行的项目
3	建立相应的奖惩制度	应建立相应的奖罚制度，对温室气体减排工作有贡献者将获得奖励，对阻碍温室气体减排工作的人员要进行处罚
4	进行碳排放信息披露	定期公布企业碳排放的信息，方式不限
5	*建立温室气体排放监测体系	在各个温室气体排放源在线或定期计量
6	*设立温室气体排放数据台账	各个温室气体应有月度排放数据台账
7	按要求对计量器具和在线检测仪表进行维护和校正，并记录存档	根据国家或行业有关标准对能源消耗计量器具和在线检测仪表进行校正
8	委托第三方开展碳排放核算报告	已委托第三方完成碳排放核算报告或者企业自行完成碳排放核算报告并得到政府部门或其他第三方单位认可
9	安排资金用于温室气体减排技术研发或改造	企业以下达文件的形式，安排专项资金用于温室气体减排技术的研发、引进或运用
10	开展产品碳足迹分析	自行或委托第三方完成一个或以上产品的碳足迹分析报告
11	开展低碳产品设计	企业有低碳产品设计或开发的科研项目，包括立项文件、资金安排、技术报告等资料
12	研究和引进减排工艺、技术和设备	企业有开展减排技术的研究或引进，具体应提供技术原理和性能的描述、运用实际情况对比等资料
13	*淘汰落后产能、落后用能设备	没有国家限期淘汰的落后设备和工艺
14	开展碳捕获技术研究或应用	企业有开展碳捕获技术的研究或应用，应提供所支付的资金、工作计划或立项、工作报告等资料

续表

序号	二级指标	得分要求
15	使用再生能源种类	有使用太阳能、地热、风能、生物质能源等再生能源，有统计数据等资料
16	再生能源利用量占总能耗比例	再生能源利用量占企业总能耗比例大于3%，可以包括在企业所属范围内的生活用能
17	设立和完成年度温室气体排放强度降低目标	企业有设立年度温室气体排放减排目标，并已完成
18	达到温室气体排放强度目标	企业有设立温室气体排放强度目标，并达到目标
19	温室气体排放强度的水平	温室气体强度目标应优于有关文件或标准设定2级水平或基准值
20	* 设立和达到碳排放总量目标	企业有设立碳排放总量目标，并达到该目标
21	超额完成年度碳排放总量目标	企业超额完成年度碳排放总量目标5%以上

2.3.3.3 评价

当企业得分≥60分为及格，即达到温室气体减排企业的要求；当得分≥85分，即为温室气体减排优秀企业。

第3章

纺织行业温室气体减排标识、案例及技术

3.1 纺织产品碳足迹核算与标识

3.1.1 纺织产品碳足迹核算与标识的目的

纺织行业开展产品碳足迹核算与标识对纺织行业温室气体减排工作将有很大的促进作用。在温室气体减排中，产品设计将起到主要的作用，一个产品一旦定型，其温室气体排放量也随之确定。接下来无论是工艺改进还是设备改进，温室气体排放量的减少都是有限的。与清洁生产、节能减排等工作相比，温室气体减排更加注重产品的设计。因此，产品碳足迹标识可以促进企业在产品设计方面进行改进和提高。在纺织行业开展纺织产品碳足迹核算与标识可以达到以下目的：

（1）促进生产企业设计和生产温室气体排放量更少的产品。

（2）促进企业的经营者和管理者更加关注生产过程对环境和温室气体排放产生的综合影响。

（3）有助于生产管理者和技术人员寻找和挖掘温室气体减排的空

间，改进生产过程。

（4）可促进行业内温室气体减排工作的推进和深入。

（5）有利于提高全民对温室气体减排的认识。

3.1.2 纺织产品碳足迹核算与标识的方法

纺织行业开展碳足迹核算所使用的方法是以生命周期评价（LCA）方法为基础，根据纺织生产企业的实际情况进行调整而得到。

生命周期评价是对一个产品系统的生命周期中输入、输出及其潜在环境影响的汇编和评价。针对具体的纺织产品而言，碳足迹核算将是对该产品系统的生命周期（摇篮到大门）中输入、输出及其涉及温室气体排放的环境影响的汇编和评价。

在运用生命周期评价的方法中，还会涉及生命周期清单分析（LCI）和生产周期影响评价（LCIA）。生命周期清单分析是生命周期评价的第二阶段，是对所研究系统中输入和输出数据建立清单的过程，这一过程包括满足研究目的的数据收集。生命周期影响评价是生命周期评价的第三阶段，目的是提供进一步的信息以帮助评价产品系统的生命周期清单分析结果，从而更好地理解其对环境的重要性。

3.1.3 纺织产品碳足迹核算与标识的原则

开展纺织产品碳足迹核算与标识将坚持以下原则：

（1）以关注环境因素为主。在碳足迹核算过程中，自始至终都将重点放在关注能源消耗和温室气体排放等影响环境的因素上。

（2）从摇篮到大门。根据我国目前企业的实际情况以及有关数据库的情况，在纺织行业产品碳足迹核算中将采用从摇篮到大门的原则，即核算产品原材料到产品出厂时的碳足迹。

（3）可追溯性。在产品碳足迹核算过程中，所有计算数据应可以追溯来源。

（4）透明性。在产品碳足迹核算等相关工作中，在满足一定条件的情况下，可以公开、全面和明确地公布相关信息。

（5）客观性。由于纺织产品的多样性和原材料的多元化，在产品碳足迹核算过程中，必须考虑企业的客观条件和客观事实。

纺织产品的多样性、生产工艺的差异化和原材料的多元化，要开展纺织产品碳足迹的对标或比较有一定的难度，但在一定的工作基础上，可以开展纺织产品碳足迹的对标。

3.1.4　纺织产品碳足迹核算与标识的步骤

3.1.4.1　确定目的

确定目标是开展产品碳足迹核算与标识的第一步，具体目标有：

（1）明确产品在生产过程中温室气体的排放状况，包括生产过程的能耗和物耗。

（2）根据已知的温室气体排放状况，有针对性地提出减排措施和方法。

（3）表示该产品在生产过程中单位产品向环境排放的温室气体量。

（4）向社会和消费者公开企业的行为或承诺。

3.1.4.2　确定范围

纺织产品碳足迹核算的范围有：

（1）产品的生产系统。从原材料进厂到成品出厂全过程的温室气体排放量。

(2) 产品的功能单位。纱、针织布（含坯布和染整布）、化学纤维和再生纤维的功能单位是 CO_2 当量吨/吨产品（tCO_2e/t），机织布（含坯布和染整布）和印花布的功能单位是 CO_2 当量吨/百米布（tCO_2e/hm），服装的功能单位是 CO_2 当量吨/万件（tCO_2e/万件）。

(3) 系统边界。指定产品生产所有工序的边界，包括企业内的运输和库存。

(4) 分配程序。当企业有多种产品时，部分能源和资源消耗的分配将按产量的比例进行分配或根据各个产品物料平衡计算的结果进行分配。

(5) 数据种类。原材料和能源碳足迹将采用可信的数据库数据，能源和原材料消耗量等将采用实际消耗的数据。

3.1.4.3 清单分析

清单分析基本流程如图 3-1 所示。

清单分析过程的要求如下：

(1) 数据种类。应有能源输入、原材料输入、辅助性输入以及温室气体排放等数据。

(2) 数据计算。包括数据的测量和获取、数据的统计与分配方式。

(3) 数据审定。对数据的有效性、质量进行核查，以保证数据的正确使用。

3.1.4.4 影响评价与解释

(1) 影响评价。评价原材料和生产过程对温室气体排放的影响，评价各个生产工序对温室气体排放的影响，评价各种能源对温室气体排放的影响。

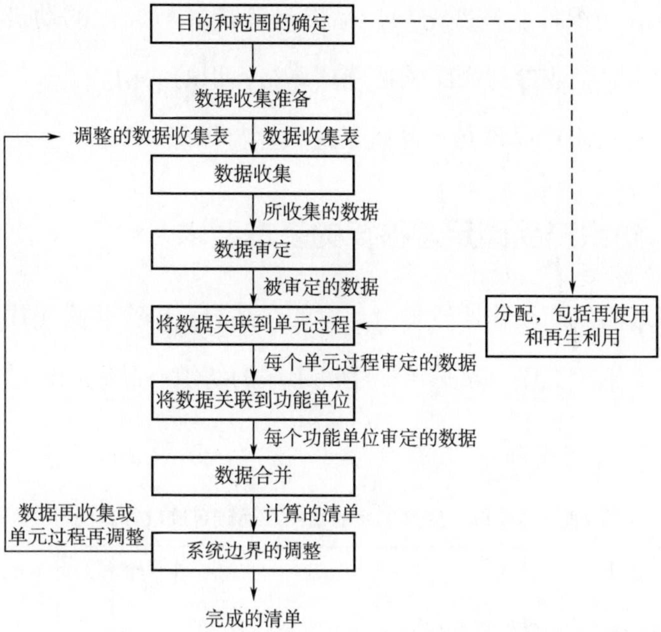

图 3-1　清单分析基本流程

（2）解释。对产品碳足迹结果进行解释；对碳足迹核算过程中的方法学和数据的假设和局限进行解释；对数据质量进行评价；根据碳足迹的结果，提出改进建议或意见。

3.1.5　纺织产品碳足迹核算与标识的组织工作

在纺织行业开展产品碳足迹核算和标识工作以促进纺织行业温室气体减排工作，力求按规划实现“双碳”目标。纺织产品碳足迹核算与标识的组织工作包括以下工作内容：

（1）成立纺织产品碳足迹核算与标识的领导小组和工作小组。

（2）组织纺织产品碳足迹核算与标识的试点工作。

（3）组织编制碳足迹核算与标识的标准和技术规范。

（4）在纺织行业开展纺织产品碳足迹核算与标识的动员工作，鼓励和推动纺织企业参与产品碳足迹核算与标识的活动。

（5）对纺织产品进行产品碳足迹核算与标识。

3.1.6 纺织产品碳足迹核算的基本要求

纺织产品生产流程比较复杂，有的产品只有一个生产工序，而有的产品有多个生产工序。常见单一生产工序的纺织产品碳足迹核算范围见表 3-1。

表 3-1 单一生产工序的纺织产品碳足迹核算范围

序号	范围		纱线	染整布	化学纤维	服装
1	原材料—产品		棉花、纤维—纱线	坯布—染整布	单体—化学纤维	布料—服装
2	产品功能单位		tCO_2e/t	tCO_2e/t 或 tCO_2e/hm	tCO_2e/t	tCO_2e/万件
3	工序或流程		从棉花、纤维到纱线的所有生产流程	从坯布到染整布的所有生产流程	从单体到化学纤维的所有生产流程	从布料到服装成品的所有生产流程
4	分配程序	公共能源消耗	按产品产量和时间分配	按产品产量和时间分配	按产品产量和时间分配	按产品产量和时间分配
		原材料损耗	按产品产量分配	按产品产量分配	按产品产量分配	按产品产量分配
5	数据种类	能源消耗量	电量	电量、蒸汽、燃料	电量、蒸汽、燃料	电量、蒸汽、燃料
		原材料消耗量	棉花或纤维、包装材料	坯布、染料、助剂、碳酸盐	单体、添加剂	布料、染料、助剂、碳酸盐
		废水量	总量、COD 浓度	总量、COD 浓度	总量、COD 浓度	总量、COD 浓度

单一生产工序的纺织产品可以按表 3-1 的要求收集数据和资料，用于计算产品碳足迹。

在含有多个生产工序的纺织产品碳足迹核算中，需要对多个生产工序进行统计和分析。表 3-2 是部分多生产工序的纺织产品碳足迹核算范围。

表 3-2 部分多生产工序的纺织产品碳足迹核算范围

序号	范围		综合性纺织企业	综合性化学纤维生产企业	综合性服装生产企业
1	原材料—产品		棉花—染整布	单体—化学纤维色纱	纱线—服装
2	产品功能单位		tCO_2e/t	tCO_2e/t	tCO_2e/万件
3	工序或流程		从棉花到染整布的所有生产流程	从单体到化学纤维色纱的所有生产流程	从纱线到服装成品的所有生产流程
4	分配程序	公共能源消耗	按产品产量和时间分配	按产品产量和时间分配	按产品产量和时间分配
		辅助原材料损耗	按产品产量分配	按产品产量分配	按产品产量分配
5	数据种类	能源消耗量	电量、蒸汽、燃料	电量、蒸汽、燃料	电量、蒸汽、燃料
		原材料消耗量	棉花、染化助剂、碳酸盐、包装材料	单体、染化助剂、添加剂	纱线、染化助剂、碳酸盐、包装材料
		废水量	总量、COD 浓度	总量、COD 浓度	总量、COD 浓度

表 3-2 所示范围是根据常用工艺总结的，若在实际生产过程中有部分工序的增加，相应的能源和染化助剂均会有变化，收集的数据和资料也要作相应的增减。

3.1.7 单一生产工序的产品碳足迹核算案例

以一个经编针织布碳足迹核算为例，说明单一生产工序的产品碳足迹核算的流程、内容和要点。

3.1.7.1 范围与流程

产品为经编针织坯布，核算范围是经编针织坯布生产的全过程，包括相应的辅助生产系统和附属生产系统。生产原材料是锦纶纱线，边界条件是从纱线进厂到经编针织坯布出厂，主要生产流程如图 3-2 所示。

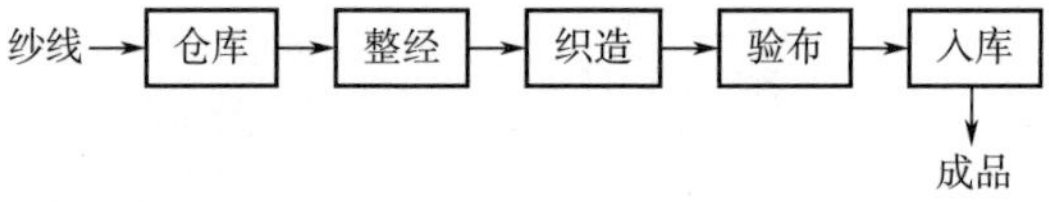

图 3-2 经编针织坯布主要生产流程

碳足迹核算包括厂内的辅助生产设备、仓库、运输、办公室、化验室以及公共场所，不包括厂外的运输。

3.1.7.2 功能单位和设备及数据清单

在碳足迹核算中所选择的功能单位和设备等见表 3-3。

表 3-3 核算的功能单位和设备清单

功能单位确定			
项目	内容	项目	内容
生产时间	2022 年 5 月	产品类型	混纺经编针织坯布
产品产量单位	t	电能单位	kW·h
原材料单位	t	碳足迹单位	tCO_2e/t

续表

生产设备				
设备名称	设备型号	额定功率或规格	数量/台	工序
整经机	DSE21/21EC	20kW	2	整经
经编机	COP 2KE	10kW	36	织造
坯检机		10kW	6	前期验布
验布机			4	成品验布
空压机			2	织造
空调系统			1	织造
电瓶叉车		2.8t	4	入库

由表 3-3 可知：

（1）经编针织坯布的生产过程中所用设备较简单。

（2）空压机和空调系统属于辅助生产系统，但它们都是为织造工序服务的，因此列入织造工序。

（3）表 3-3 未列出仓库的设备。

经编针织坯布碳足迹核算数据清单中包括原材料数据、能源消耗数据等，见表 3-4。

表 3-4　经编针织坯布碳足迹核算数据清单

原材料清单					
序号	项目	单位	应收集数据	工序	数据来源
1	锦纶纱线	t	消耗总量	整经、织造	记录数据
2	润滑油	t	消耗总量	织造	按产品产量分配
3	叉车润滑油	t	消耗总量	厂内运输	按产品产量分配
4	成品	t	合格产品量	入库	记录数据

续表

能源消耗清单					
序号	项目	单位	应收集数据	使用工序/场地	数据来源
1	仓库电耗	kW·h	消耗量	仓库	按产品产量分配
2	整经电耗	kW·h	消耗量	整经	记录
3	织造电耗	kW·h	消耗量	织造	记录
4	空调电耗	kW·h	消耗量	织造车间空调	按产品产量分配
5	空压机电耗	kW·h	消耗量	织造车间空压机	记录
6	照明电耗	kW·h	消耗量	公共场所照明	按产品产量分配
7	验布电耗	kW·h	消耗量	验布	按产品产量分配
8	充电桩电耗	kW·h	消耗量	厂内运输	按产品产量分配
9	实验室电耗	kW·h	消耗量	实验室	按产品产量分配
10	办公室电耗	kW·h	消耗量	办公室	按产品产量分配

对于表 3-4 有以下说明：

（1）各车间的照明和抽风的电耗已包括在各自的工序电耗中。

（2）属于公共分摊的材料和能源将按各种产品产量的比例分配。

（3）空调的电耗包括了水循环和冷却过程的电耗。

（4）由于厂内运输所用的叉车均为电叉车，因此。厂内运输只有电耗。

（5）在实际工作中，润滑油和叉车润滑油用量很少，而且是复合物，成分复杂，在实际统计中给予忽略。

（6）本次计算的是该企业的一个中间产品，后续要在其他车间加工，故该产品无须包装。

（7）整个生产过程耗水量很少，故没有考虑水耗的碳足迹。

（8）表中没有包括固废处理的碳足迹。

3.1.7.3　数据收集和整理

（1）数据收集。依数据清单的要求，收集和查找相关数据，见表 3-5。

表 3-5　产品碳足迹核算数据收集表

序号	项目	单位	数值	工序/场所	阶段
1	锦纶纱线	t	243.02	整经、织造	原材料的获取
2	成品	t	242.82	入库	产品制造
3	仓库电耗	kW·h	729.06	仓库	产品制造
4	整经电耗	kW·h	11421.94	整经	产品制造
5	织造电耗	kW·h	322001.5	织造	产品制造
6	空调电耗	kW·h	14095.16	空调	产品制造
7	空压机电耗	kW·h	5589.46	空压机	产品制造
8	照明电耗	kW·h	1944.16	照明	产品制造
9	验布电耗	kW·h	972.08	验布	产品制造
10	充电桩电耗	kW·h	291.624	厂内运输	产品制造
11	实验室电耗	kW·h	2916.24	实验室	产品制造
12	办公室电耗	kW·h	1944.16	办公室	产品制造

以上是根据几个批次的生产过程统计的数据。

（2）数据整理。依据生产中获得的数据计算碳排放量，一部分是根据实际生产过程的数据计算得到，另一部分要根据数据库的数据计算得到，见表 3-6。

表 3-6　产品碳足迹核算数据整理

序号	项目	单位	数值	数据来源	备注
1	锦纶纱线	tCO_2e	537.24	数据库获得	尼龙 6：1.47tCO_2e/t

续表

序号	项目	单位	数值	数据来源	备注
2	仓库电耗	tCO_2e	0.47	记录和计算	电换算因子：0.6379tCO_2e/t
3	整经电耗	tCO_2e	7.29	记录和计算	
4	织造电耗	tCO_2e	205.40	记录和计算	
5	空调电耗	tCO_2e	8.99	记录和计算	
6	空压机电耗	tCO_2e	3.57	记录和计算	
7	照明电耗	tCO_2e	1.24	记录和计算	
8	验布电耗	tCO_2e	0.62	记录和计算	
9	充电桩电耗	tCO_2e	0.19	记录和计算	
10	实验室电耗	tCO_2e	1.86	记录和计算	
11	办公室电耗	tCO_2e	1.24	记录和计算	
12	成品	tCO_2e	768.11	记录和计算	

表3-6中成品的碳足迹即为该产品的碳足迹，也是原材料和生产过程碳足迹之和。

3.1.7.4 解释与分析

（1）结果。通过以上分析和计算，得到该产品的碳足迹为3.16 tCO_2e/t。对该结果需要说明的是：

①该结果没有包含厂外运输的碳排放。

②属于公共使用或公共场所的原材料和能源消耗是按统计期该产品产量占总产量的比例分摊。

③整个生产过程耗水量较少，故没有考虑水耗的碳足迹。

④生产过程产生的固废较少，且不属于危险固废，在此忽略固废处理过程的碳足迹。

（2）原材料与能源消耗碳足迹分析。在本次碳足迹核算中，碳足迹是由原材料和能源消耗组成。原材料和生产过程的能耗碳足迹情况见表 3-7。

表 3-7　原材料和生产过程的能耗碳足迹

序号	项目		单位	数据	备注
1	原材料	碳足迹	tCO_2e	537.24	仅含锦纶纱线，忽略了润滑油、叉车润滑油、塑料袋等原材料
2		占比	%	69.94	
3	能源消耗	碳足迹	tCO_2e	230.87	含所有工序和所有场所的电耗
4		占比	%	30.06	

（3）各生产系统碳足迹分析。各生产系统碳足迹分析是针对在生产过程中增加的碳足迹。属于生产系统的有整经、织造和验布等工序；属于辅助生产系统的只有空压机站；属于附属生产系统的有仓库、厂内运输、实验室、办公室和公共场所照明。各生产系统的碳足迹见表 3-8。

表 3-8　各生产系统的碳足迹

序号	项目		单位	数据	备注
1	生产系统	碳足迹	tCO_2e	213.31	整经、织造和验布
2		占比	%	92.39	
3	辅助生产系统	碳足迹	tCO_2e	3.57	空压机站
4		占比	%	1.55	
5	附属生产系统	碳足迹	tCO_2e	13.99	仓库、厂内运输、实验室、办公室和公共场所照明
6		占比	%	6.06	

由表 3-8 可知，在各生产系统中，生产系统排放的温室气体量最大。

(4) 各工序碳足迹分析。各工序碳足迹情况与各系统碳足迹情况有一定的差异，例如，在系统划分中，空调和空压机，两个设备均属于辅助生产系统；而按工序来分，两者均属于织造工序。各工序的碳足迹见表 3-9。

表 3-9　各工序的碳足迹

序号	项目		单位	数据	备注
1	整经	碳足迹	tCO_2e	7.46	含整经和部分其他的碳排放
2		占比	%	3.23	
3	织造	碳足迹	tCO_2e	222.77	含织造、空调、空压机以及部分其他的碳排放
4		占比	%	96.50	
5	验布	碳足迹	tCO_2e	0.63	含验布和部分其他的碳排放
6		占比	%	0.27	

由表 3-9 可知，织造工序是碳排放量最大的工序。需要说明的是，在各工序碳排放量统计时，不仅要计算该工序的碳排放，还要根据实际情况分析其他工序或设备碳排放的归属。在表 3-9 中，其他工序的碳排放量根据各个工序的实际消耗情况分配到各工序。

(5) 各阶段碳足迹分析。在本次产品生命周期中仅包括两个阶段：原材料获取阶段和产品制造阶段。原材料获取阶段的碳足迹包括所有原材料的碳足迹；产品制造阶段的碳足迹包括所有织造过程的碳足迹。由于在产品制造阶段的碳足迹均来自能源消耗，因此产品制造阶段的碳足迹与能源消耗的碳足迹相同。

3.1.8　多生产工序的产品碳足迹核算案例

此处以牛仔面料的生产来说明多生产工序的产品碳足迹核算流程。

3.1.8.1　范围与流程

牛仔面料生产包括浆纱、织布、后整理等。原材料是纱线，边界条件是从纱线进厂到牛仔面料出厂，主要生产流程如图 3-3 所示。

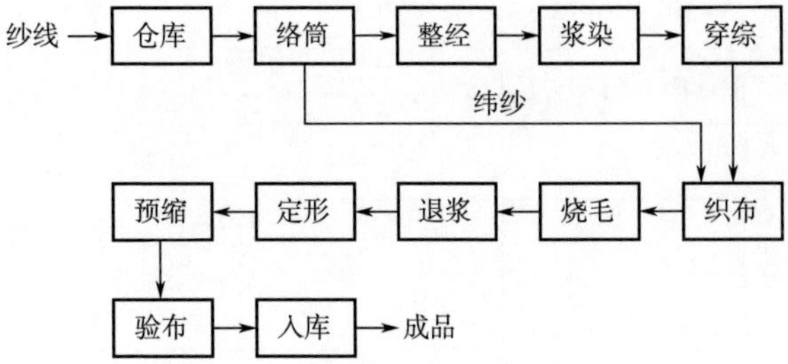

图 3-3　牛仔面料主要生产流程

在图 3-3 中仅列出牛仔面料的主要生产流程。牛仔面料碳足迹核算中包括厂内的辅助生产设备、仓库、运输、办公室、化验室以及公共场所等，不包括厂外的运输。

3.1.8.2　功能单位和设备及数据清单

在本次碳足迹核算中，所选择的功能单位和设备清单等资料见表 3-10。

表 3-10　核算的功能单位和设备清单

功能单位确定			
项目	内容	项目	内容
生产时间	2022 年 3~4 月	产品类型	全棉牛仔面料
产品产量单位	t	电能单位	kW · h
棉纱单位	t	蒸汽单位	t
天然气单位	m^3	柴油单位	L
浆料、染化助剂单位	kg	碳足迹单位	tCO_2e/t

续表

生产设备				
设备名称	设备型号	额定功率/kW	数量/台	工序
络筒机	—	15	4	络筒
分纱接经机	HL-210-25	0.5	3	整经
浆染联合机	YH818（808）	150	3	浆染
织布机	—	—	24	织布
验布机	—	—	3	成品/半成品验布
烧毛机	—	—	2	烧毛
退浆机	LMH217-220	100	2	退浆
预缩机	M80SF	30	3	后整理
定形机	—	—	2	后整理
空压机	—	45	2	全厂空压系统
叉车	—	—	2	厂内运输

对于表 3-10 有以下说明：

（1）该企业的蒸汽由园区提供，为饱和蒸汽。

（2）该企业的废水排给园区废水处理厂处理，在此没有计算废水处理的碳排放。

数据清单中包括原材料数据、能源消耗清单等，见表 3-11。

表 3-11　牛仔面料碳足迹核算数据清单

原材料清单					
序号	项目	单位	应收集数据	工序	数据来源
1	全棉纱线	t	消耗总量	络筒、浆染、织造、烧毛、预缩、定形	记录数据
2	靛蓝染料	kg	消耗总量	浆染	记录数据

续表

原材料清单					
序号	项目	单位	应收集数据	工序	数据来源
3	PVA	kg	消耗总量	浆染	记录数据
4	牛油	kg	消耗总量	浆染	记录数据
5	渗透剂	kg	消耗总量	浆染、退浆	记录数据
6	氢氧化钠（S）	kg	消耗总量	浆染、退浆	记录数据
7	保险粉（S）	kg	消耗总量	浆染	记录数据
8	润滑油	t	消耗总量	织造	按产品产量分配
9	叉车润滑油	t	消耗总量	厂内运输	按产品产量分配
10	塑料袋	kg	消耗总量	包装	记录数据
11	成品	t	合格产品量	入库	记录数据
能源消耗清单					
序号	能源种类	单位	应收集数据	使用工序/场地	数据来源
1	仓库电耗	kW·h	消耗量	仓库	按产品产量分配
2	络筒电耗	kW·h	消耗量	络筒	记录数据
3	整经电耗	kW·h	消耗量	整经	记录数据
4	浆染电耗	kW·h	消耗量	浆染	记录数据
5	浆染蒸汽	t	消耗量	浆染	记录数据
6	织造电耗	kW·h	消耗量	织造	记录数据
7	烧毛天然气	kg	消耗量	烧毛	记录数据
8	烧毛电耗	kW·h	消耗量	烧毛	记录数据
9	退浆电耗	kW·h	消耗量	退浆	记录数据

续表

能源消耗清单					
序号	能源种类	单位	应收集数据	使用工序/场地	数据来源
10	预缩电耗	kW·h	消耗量	预缩	记录数据
11	预缩蒸汽	t	消耗量	预缩	记录数据
12	定形电耗	kW·h	消耗量	定形	记录数据
13	定形蒸汽	t	消耗量	定形	记录数据
14	验布电耗	kW·h	消耗量	验布	按产品产量分配
15	柴油	L	消耗量	厂内运输	按产品产量分配
16	空压机电耗	kW·h	消耗量	压缩空气系统	按产品产量分配
17	其他电耗	kW·h	消耗量	实验室、办公室	按产品产量分配

对于表 3-11 有以下说明：

（1）各生产工序电耗已经包括该工序中照明等电耗。

（2）属于公共分摊的材料和能源将按各种产品产量的比例分配。

（3）整个生产过程耗水量很少，故没有考虑水耗的碳足迹。

（4）废水是园区集中处理，表中没有包括废水和固废处理过程的碳足迹。

3.1.8.3 数据收集和整理

（1）数据收集。依数据清单的要求，收集和查找相关数据见表 3-12。

表 3-12 产品碳足迹核算数据收集表

序号	项目	单位	数值	工序/场所	阶段
1	全棉纱线	t	2.46	络筒、浆染、织造、烧毛、预缩、定形	原材料的获取
2	靛蓝染料	kg	82.86	浆染	原材料的获取

续表

序号	项目	单位	数值	工序/场所	阶段
3	PVA	kg	98.60	浆染	原材料的获取
4	淀粉	kg	38.00	浆染	原材料的获取
5	牛油	kg	24.00	浆染	原材料的获取
6	渗透剂	kg	9.50	浆染、退浆	原材料的获取
7	氢氧化钠（s）	kg	160.14	浆染	原材料的获取
8	保险粉（s）	kg	120.12	浆染	原材料的获取
9	润滑油	kg	0.23	络筒、织造	原材料的获取
10	叉车润滑油	t	0.02	厂内运输	原材料的获取
11	塑料袋	kg	6.48	包装	原材料的获取
12	仓库电耗	kW·h	24.00	仓库	产品制造
13	络筒电耗	kW·h	66.00	络筒	产品制造
14	整经电耗	kW·h	44.00	整经	产品制造
15	浆染电耗	kW·h	382.00	浆染	产品制造
16	浆染蒸汽（饱和）	t	13.80	浆染	产品制造
17	织造电耗	kW·h	2928.00	织造	产品制造
18	烧毛液化气	kg	22.69	烧毛	产品制造
19	退浆电耗	kW·h	99.63	退浆	产品制造
20	预缩电耗	kW·h	121.77	预缩	产品制造
21	预缩蒸汽（饱和）	t	6.97	预缩	产品制造
22	定形电耗	kW·h	166.00	定形	产品制造
23	定形蒸汽（过热）	t	1.11	定形	产品制造
24	验布电耗	kW·h	53.14	验布	产品制造
25	柴油	L	3.60	厂内运输	产品制造
26	空压机电耗	kW·h	34.00	全厂	产品制造
27	其他电耗	kW·h	13.00	实验室、办公室	产品制造

对于表 3-12 的数据有以下说明：

①表中数据为几个生产批次的统计结果。

②渗透剂的主要成分为烷基苯磺酸钠，这里已经折成烷基苯磺酸钠的量。

(2) 数据整理。依据已获得的数据，包括数据库数据和记录数据，计算出相应的碳排放量，见表 3-13。

表 3-13 产品碳足迹核算数据整理

序号	项目	单位	数值	数据来源	备注
1	全棉纱线	tCO_2e	5.1168	数据库数据	2.08tCO_2e/t
2	PVA	tCO_2e	0.3640	数据库数据	3.6915tCO_2e/t
3	淀粉	tCO_2e	0.0007	数据库数据	0.0179tCO_2e/t
4	牛油	tCO_2e	-0.0337	数据库数据	-1.404tCO_2e/t
5	渗透剂	tCO_2e	0.0153	数据库数据	1.613tCO_2e/t
6	氢氧化钠（s）	tCO_2e	0.1297	数据库数据	0.81tCO_2e/t
7	塑料袋	tCO_2e	0.0102	数据库数据	1.57tCO_2e/t
8	仓库电耗	tCO_2e	0.0153	记录和计算	—
9	络筒电耗	tCO_2e	0.0421	记录和计算	—
10	整经电耗	tCO_2e	0.0281	记录和计算	—
11	浆染电耗	tCO_2e	0.2437	记录和计算	—
12	浆染蒸汽（饱和）	tCO_2e	3.7929	记录和计算	—
13	织造电耗	tCO_2e	1.8677	记录和计算	—
14	烧毛液化气	tCO_2e	0.0850	记录和计算	—
15	烧毛电耗	tCO_2e	0.0415	记录和计算	—
16	退浆电耗	tCO_2e	0.0636	记录和计算	—

续表

序号	项目	单位	数值	数据来源	备注
17	预缩电耗	tCO_2e	0.0776	记录和计算	—
18	预缩蒸汽（饱和）	tCO_2e	1.9157	记录和计算	—
19	定形电耗	tCO_2e	0.1059	记录和计算	—
20	定形蒸汽（过热）	tCO_2e	0.3451	记录和计算	—
21	验布电耗	tCO_2e	0.0339	记录和计算	—
22	柴油	tCO_2e	1.1433	记录和计算	—
23	空压机电耗	tCO_2e	0.0217	记录和计算	—
24	其他电耗	tCO_2e	0.0083	记录和计算	—
25	成品	tCO_2e	15.4345	记录和计算	—

对于表 3-13 有以下说明：

①由于缺少靛蓝染料、保险粉等部分物质的数据，故忽略了这些物质的碳足迹。

②从数据库得到牛油的碳足迹为负值。

③液化气和柴油的碳足迹中包括了原材料的碳足迹和燃烧的碳足迹。

3.1.8.4　解释与分析

（1）结果。通过以上分析和计算，得到该产品的碳足迹为 0.2586 tCO_2e/hm。对该结果需要说明的是：

①该结果是根据若干个生产批次的实际数据计算得到。

②该结果忽略部分原材料的碳足迹，也没有包括厂外运输的碳足迹。

③属于公共使用或公共场所的能源消耗是按统计期该产品产量占总

产量的比例分摊。

④废水是由园区废水处理厂处理，忽略废水处理过程的碳足迹。

⑤生产过程产生的固废较少，且不属于危险固废，在此忽略固废处理过程的碳足迹。

(2) 原材料与能源碳消耗足迹分析。该牛仔面料的碳足迹中，只含有原材料和能源消耗的碳足迹，两者所占的比例可见表3-14。

表3-14 原材料和能源消耗的碳足迹

序号	项目		单位	数值	备注
1	原材料	碳足迹	tCO_2e	6.7499	含纱线、浆料、化学品、塑料袋等
2		占比	%	43.73	
3	能源消耗	碳足迹	tCO_2e	8.6845	含生产过程和所有场所的电耗、天然气、柴油和蒸汽消耗
4		占比	%	56.27	

由表3-14可知，原材料的碳足迹占43.73%，能源消耗的碳足迹占56.27%。需要说明的是，液化气和柴油要分别计算原材料碳足迹和能源消耗碳足迹。

(3) 各生产系统碳足迹分析。属于生产系统的有整经、浆染、织造、烧毛、退浆、染色、预缩、定形和验布等工序；属于辅助生产系统的只有空压机站；属于附属生产系统的有仓库、厂内运输、实验室、办公室和公共场所照明。各生产系统的碳足迹见表3-15。

表3-15 各生产系统的碳足迹

序号	项目		单位	数值	备注
1	生产系统	碳足迹	tCO_2e	8.6296	整经、浆染、织造、烧毛、退浆、预缩、定形、验布
2		占比	%	99.54	

续表

序号	项目		单位	数值	备注
3	辅助生产系统	碳足迹	tCO_2e	0.0217	空压机站
4		占比	%	0.25	
5	附属生产系统	碳足迹	tCO_2e	0.0179	仓库、厂内运输、实验室、办公室和公共场所照明
6		占比	%	0.21	

表 3-15 仅仅统计和分析了各种生产系统能源消耗的碳足迹。由表 3-15 可知，生产系统的碳足迹是最主要的，而辅助生产系统和附属生产系统的碳足迹几乎相等，且占比很小。

(4) 各工序碳足迹分析。牛仔面料生产工序可以分成浆染、织布和后整理，各工序的碳足迹情况见表 3-16。

表 3-16　各工序的碳足迹情况

序号	项目		单位	数值	备注
1	浆染工序	碳足迹	tCO_2e	9.70	包括络筒、整经和浆染等工序
2		单位产品碳足迹	tCO_2e/hm	0.18	
3	织布工序	碳足迹	tCO_2e	6.98	—
4		单位产品碳足迹	tCO_2e/hm	0.13	
5	后整理工序	碳足迹	tCO_2e	7.75	包括烧毛、预缩和定形等工序
6		单位产品碳足迹	tCO_2e/hm	0.14	

各工序碳足迹的计算有以下说明：

①各工序碳足迹的计算包括原材料、助剂以及能源消耗的碳足迹。

②所有工序都用棉纱以及棉纱生成的中间产品，各工序的碳足迹都包括棉纱的碳足迹。

③由表 3-16 可知，若将每个工序都产生一个中间产品，其中间产

品碳足迹最大的是浆染中间产品。

（5）各阶段碳足迹分析。在本次产品生命周期中仅包括两个阶段：原材料获取阶段和产品制造阶段。原材料获取阶段的碳足迹包括所有原材料的碳足迹；产品制造阶段的碳足迹包括所有织造过程的碳足迹。由于在产品制造阶段的碳足迹均来自能源消耗，因此产品制造阶段的碳足迹与能源消耗的碳足迹相同。

3.2 纺织企业温室气体排放核算案例

3.2.1 纺织企业温室气体排放核算的目的、原则和方法

3.2.1.1 温室气体排放核算目的

纺织行业不属于温室气体排放的重点行业，同时，纺织行业的能源消耗占全国能源消耗的比例较低，纺织行业的温室气体排放总量在全国的占比也较低。然而，纺织企业数量多，分布较广，在部分地区纺织企业的规模较大，在当地的能源消耗和温室气体排放的占比都较大。在实现“双碳”目标的过程中，纺织行业温室气体排放量是不可忽略的，纺织企业在提升改造中也需要随时了解温室气体的排放状况。在部分地区，已将温室气体排放量较大的纺织企业纳入碳排放权交易。从纺织企业本身的发展、当地碳排放量的消减以及碳排放交易等方面考虑，纺织企业开展温室气体排放的核算和报告实属必须。纺织企业开展温室气体排放核算和报告的目的有：

（1）清楚地了解企业温室气体排放的状况，包括排放总量、主要

排放源等。

（2）依据温室气体排放核算的结果，制定企业碳达峰和碳中和的规划。

（3）满足当地政府有关温室气体减排的需要。

（4）纺织企业碳排放权交易的需要。

3.2.1.2　温室气体排放核算原则

在纺织企业温室气体排放核算和报告的工作中应坚持以下原则：

（1）完整性原则。温室气体排放核算和报告所涉及的范围应该覆盖企业生产的所有范围，其统计的数据和资料应该是企业完整的数据和资料。

（2）可追溯性原则。用于温室气体排放核算和报告的统计或计算数据应可追溯，可以查到数据的源头。

（3）公开性原则。温室气体排放核算和报告的结果是可以公开、透明的。

（4）结合实际的原则。温室气体核算和报告是企业实际生产状况的体现和反映。

（5）相衔接的原则。在温室气体排放核算和报告过程中，其部分计算方法应与国际惯例和当地政府要求相衔接。

3.2.1.3　温室气体排放核算方法

（1）确定范围。企业温室气体排放总量计算的统计边界是以企业在统计年度中实际经营和管理的边界，包括各种生产系统、辅助生产系统和附属生产系统。

（2）排放源分析。在确定温室气体排放统计边界后，需要对边界内所有的温室气体排放源和排放途径进行分析，检查各个排放源的计量器具的完整性和有效性，统计各个排放源与温室气体排放有关的实物量数据。

按纺织行业温室气体排放源，结合生产企业的实际情况，将纺织企业进行分类，见表3-17。

表3-17 纺织企业温室气体排放源分析

序号	排放源种类	排放源	温室气体排放	备注
1	燃料燃烧	有	要考虑燃料燃烧的温室气体	—
2		无	无须考虑燃料燃烧的温室气体	—
3	碳酸盐的使用	有	要考虑碳酸盐的使用的温室气体	—
4		无	无须考虑碳酸盐的使用的温室气体	—
5	废水处理	有	要考虑废水处理的温室气体	—
6		无	无须考虑废水处理的温室气体	—
7	购入电力、热力	有	要考虑购入电力、热力的温室气体	—
8		无	无须考虑购入电力、热力的温室气体	—

纺织企业可以通过温室气体排放源的分析确定本企业的温室气体排放。

（3）分别计算各种温室气体排放量。根据各个实物量的数据，分别计算燃料燃烧排放量、碳酸盐消耗量排放量、废水处理排放量以及购入电力和热力排放量，并将各排放量均折换成CO_2排放量。

（4）统计温室气体排放总量。将各个已经折换成CO_2当量的排放总量求和，得到企业在统计期内的温室气体排放总量。如果当地政府有下达温室气体排放总量限额，应对照限额进行评价。

（5）分析和评价。根据企业生产流程和产品，运用适当方法将温室气体排放总量分解到各工序或各产品，计算出各工序或各产品单位产品温室气体排放量，并进行评价。

（6）提出减排措施。根据统计和分析的结果，提出有针对性的改进意见或措施。

（7）总结。对统计期内温室气体减排的成效进行评价，对照温室气体减排目标或规划进行评价，并提出今后改进的方向和措施。

3.2.2　纺织企业温室气体排放核算案例分析

以一个综合性纺织企业的实际情况为例，通过核算该企业 2021 年 CO_2 排放总量，说明纺织企业温室气体核算的步骤和方法。

3.2.2.1　核算范围

该企业是一家针织物综合生产企业，以纱线（含全棉纱、化纤纱和棉/化纤混纺纱）为原材料生产针织染整布（含针织染整布和针织色织布）。企业自备电厂、热厂和废水处理厂。自备电厂、热厂提供的电力和蒸汽不能满足生产的需要，还需要外购部分电力和热力。该企业温室气体排放核算范围以及主要生产工艺流程如图 3-4 所示。

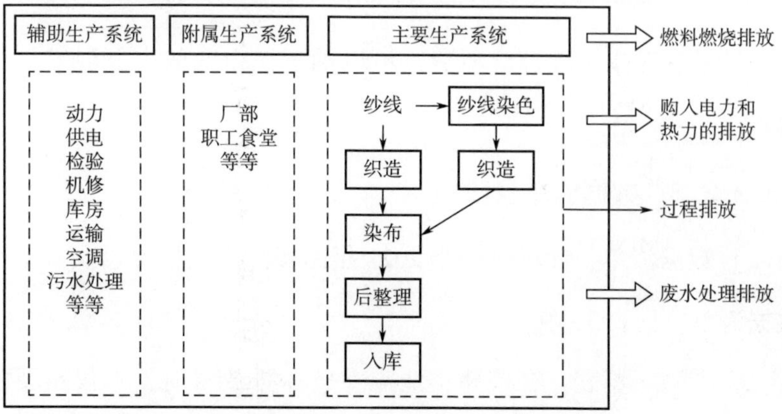

图 3-4　温室气体排放核算范围及主要生产工艺流程

对图 3-4 有以下说明：

（1）根据《温室气体排放核算与报告要求　第 12 部分：纺织服装企业》（GB/T 32151. 12—2018），本次核算仅考虑了 CO_2 和 CH_4 两种温室气体，其余的温室气体没有考虑。

（2）企业外运输产生的温室气体均没有考虑。

3. 2. 2. 2　排放源分析

在进行核算时，先对该企业温室气体排放源进行分析，见表 3-18。

表 3-18　温室气体排放源分析

序号	排放种类	排放源	实物	备注
1	燃料燃烧排放	蒸汽锅炉	煤	电厂、热厂
2		叉车	汽油	厂区内运输
3	购入电力和热力排放	染色机、定形机	蒸汽	—
4		所有耗电设备	电力	—
5	过程排放	染色机	碳酸钠	—
6		蒸汽锅炉	碳酸钙	锅炉烟气脱硫
7	废水处理排放	废水处理厂	废水（COD）	—

经过温室气体排放源分析后，可以确定该企业的主要温室气体排放源。

3. 2. 2. 3　数据清单及收集

（1）数据清单。针对该企业 2021 年的实际生产情况以及排放源列出数据清单，见表 3-19。

（2）参数一览表。在核算企业温室气体排放量时，不仅需要实物量的统计，还需要许多参数和排放因子，包括将甲烷量转化为 CO_2 排放量的参数。相关的参数和排放因子见表 3-20。

表 3-19　温室气体排放核算清单

生产基本情况					
序号	生产车间	产品	单位	数值	备注
1	织造车间	针织坯布	t	41376. 3852	部分为色织坯布
2	染纱车间	色纱	t	3870. 461	—
3	染色车间	针织色布	t	43693. 1975	部分为色织布
序号	项目	实物	单位	数值	备注
1	燃料燃烧排放	煤	t	114509	—
2		柴油	t	94. 90	—
3	购入电力和热力排放	蒸汽	百万 kJ	761344. 7445	—
4		电力	万 kW · h	7923. 567	—
5	过程排放	碳酸钠	t	3194. 60	固体，含量≥90%
6		碳酸钙	t	2453	固体，含量≥95%
7	废水处理排放	废水	m^3	9696475	—

表 3-20　相关的参数和排放因子

序数	实物	参数种类	单位	数值	备注
1	煤	低位发热量	GJ/t	20. 14	—
2		单位热值含碳量	tC/GJ	0. 027	—
3		碳氧化率	%	93	—
4	柴油	低位发热量	GJ/t	42. 652	—
5		单位热值含碳量	tC/GJ	0. 0202	—
6		碳氧化率	%	98	—
7	碳酸钠	纯度	%	90	—
8		CO_2 排放因子	—	0. 53	CO_2 分子量/ Na_2CO_3 分子量

续表

序数	实物	参数种类	单位	数值	备注
9	石灰石	纯度	%	98	—
10		CO_2 排放因子	—	0.44	CO_2 分子量/$CaCO_3$ 分子量
11	废水	厌氧处理甲烷生产潜力	tCH_4/ tCOD	0.25	—
12		甲烷修正系数因子	—	0.3	—
13		CH_4 排放因子	tCH_4/ tCOD	0.075	—
14	电力	电力排放因子	tCO_2/(MW·h)	0.6379	购入电力
15	蒸汽	蒸汽热焓	kJ/kg	2783.40	1.2MPa，190℃
16		热力排放因子	tCO_2/GJ	0.10	—

需要说明的是：

①不同的部门或单位在核算温室气体排放时有不同的需求和考虑，相关的参数和排放因子也会有所不同。应该根据相关部门或单位的要求，选择不同的参数和排放因子。

②相关的参数和排放因子有一定的时效性，例如，会因国家发展和改革委员会公布的信息而发生变化，尤其是电力排放因子。

（3）排放量的计算。按《温室气体排放核算与报告要求 第 12 部分：纺织服装企业》（GB/T 32151.12—2018）中的计算方法，计算出该企业各种温室气体排放量以及温室气体排放总量，见表 3-21。

表 3-21　企业温室气体排放量

序号	物质	排放量/tCO_2e	备注
1	煤	208472.27	—
2	柴油	288.46	—
3	蒸汽	76134.47	—

续表

序号	物质	排放量/tCO_2e	备注
4	电力	50544.43	—
5	碳酸钠	1523.82	固体，含量 90%
6	碳酸钙	1057.85	固体，含量 95%
7	废水量	11805.22	—
8	合计	349826.52	—

2021 年，该企业温室气体排放总量为 349826.52tCO_2e。

3.2.2.4 分析

（1）各排放源的排放量。各排放源温室气体排放量及占比情况见表 3-22。

表 3-22　各排放源温室气体排放量及占比

序号	排放源		排放量/tCO_2e	占比/%
1	燃料燃烧排放	煤	208472.27	59.59
2		柴油	288.46	0.08
3		合计	208760.73	59.68
4	过程排放	碳酸钠	1523.82	0.44
5		石灰石	1057.85	0.30
6		合计	2218.92	0.74
7	购入电力、热力排放	蒸汽	76134.47	21.76
8		电力	50544.43	14.45
9		合计	126678.9	36.21
10	废水处理排放		11805.22	3.38

由表 3-22 可知，温室气体排放量最大的是煤。

（2）各部门的排放量。各生产部门温室气体排放量及占比见表3-23。

表3-23　各生产部门温室气体排放量及占比

序号	部门或车间	排放量/tCO_2e	占比/%	备注
1	织布车间	13249.77	3.52	—
2	染色车间	30705.07	8.16	—
3	染纱车间	222203.75	59.05	—
4	电厂、热厂	56278.52	14.96	—
5	废水处理厂	30631.59	8.14	含烟气处理用石灰石
6	其他部分	23203.96	6.17	含办公室、空压机等
7	合计	376272.66	100.00	—

对于表3-23有以下说明：

①表3-23中统计的温室气体排放量与表3-21中统计的温室气体排放量有差异，主要原因是在电厂、热厂的计算方式上有差异。在表3-21中，根据实际燃料消耗量计算排放量，而在表3-23中，电厂、热厂的排放量是燃料排放量减去输出电和蒸汽的碳排放量。

②织布车间排放量只有耗电的排放量，染色车间和染纱车间的排放量有耗电、蒸汽和碳酸钠等的排放量，废水处理厂的排放量有耗电和甲烷的排放量。

（3）纺织产品的排放强度。该企业的纺织产品主要是针织坯布、色纱和针织染整布（含针织色织布），而废水处理厂处理后的废水也可以作为产品之一进行温室气体排放量核算。各产品温室气体排放强度见表3-24。

表 3-24　各产品温室气体排放强度

序号	工序		强度	备注
1	织造车间	针织坯布	320.22 $kgCO_2e/t$	—
2	染纱车间	色纱	7933.18 $kgCO_2e/t$	—
3	染色车间	针织色布	5085.54 $kgCO_2e/t$	—
4	废水处理厂	废水	3.16 $kgCO_2e/m^3$	—

由表 3-24 可知，色纱的单位产品温室气体排放量最大。

3.2.2.5　改进意见

通过该企业温室气体排放的核算，可以就该企业温室气体减排提出改进意见或规划，具体改进意见见表 3-25。

表 3-25　温室气体减排规划的内容

序号	方向	改进项目	改进主要内容	预测
1	改变能源消耗结构	减少自产蒸汽和自发电	取消自产蒸汽和自发电，蒸汽和电力全部为购入	每年约减少排放 35000tCO_2e
2		太阳能光伏发电	将大部分厂房顶用作太阳能光伏发电	每年约减少排放 3000tCO_2e
3		改变定形机的热源	用天然气取代中高压蒸汽作为定形机的热源	每年约减少 5000tCO_2e
4	改进工艺	全棉针织物染色工艺改进	将部分针织物间歇式浸染工艺改为平幅前处理和平幅水洗工艺	减少 20% 或以上的排放
5		冷堆法前处理和染色	将部分棉针织物运用冷堆法前处理和染色	减少 20%～30% 的染色热能
6		减少碳酸钠的使用	用非碳酸盐作为活性染料的固色剂	减少使用碳酸钠所产生的碳排放

续表

序号	方向	改进项目	改进主要内容	预测
7	用能设备的减排	染色机保温	将染色机保温	可减少染色时5%～10%的热能消耗
8		蒸汽阀门保温	将所有蒸汽阀都做好保温	每年约减少1500 tCO_2e
9		蒸汽合理利用	分多个压力供汽	每年减少约5%的碳排放
10		疏水阀的检验和使用	制定定期检查疏水阀的制度，及时检查废水的流向等	每年约减少500 tCO_2e
11	余热回收利用	定形机废气余热回收利用	用气—气交换的方式，回收定形机废气余热，并直接用于定形机	约减少20%定形工序的碳排放
12		高温废水余热回收利用	将高于50℃的废水余热回收再利用	减少染色过程4%左右的碳排放
13	产品设计和开发	低碳产品研究和开发	用涂料染色代替染料染色	减少30%左右的染色碳排放
14	智能化管理	智能化工艺管理	用计算机等手段管理工艺，提高工艺一次成功率	减少20%左右的染色碳排放
15		自动化输送染化助剂	引进自动化染化助剂称量和输送系统	减少5%左右的染色碳排放

由表3-25可知，该企业有较大的温室气体减排空间。

3.3　纺织工艺中温室气体减排技术

纺织行业温室气体减排的重要途径之一是工艺减排，而工艺减排必然要涉及设备和产品，重点是设备的改进、染化助剂的改进以及产品性能的改进。

3.3.1　通用减排技术

在纺织行业中需要大量的通用设备和技术，如空压机和压缩空气系统、锅炉和蒸汽供给系统、风机和冷却系统、抽风机和空调系统等。除了锅炉外，通用设备的能耗一般占总能耗的 10%~25%。通用设备和技术的温室气体减排是纺织行业温室气体减排的重要途径之一。

3.3.1.1　疏水阀管理

疏水阀是蒸汽系统中重要的元件之一，是消耗蒸汽的元件之一。在相当一部分纺织企业中，忽略了疏水阀的管理或没有重视疏水阀的管理，致使相当一部分的疏水阀是失效的，导致蒸汽的泄漏和浪费。疏水阀管理工作包括选择合适的疏水阀、合理配置疏水阀系统、定期检查疏水阀的有效性、及时维修或更换失效的疏水阀等。做好疏水阀管理工作有助于减少蒸汽的损耗。表 3-26 是部分蒸汽疏水阀消耗蒸汽的情况。

由表 3-26 可知，不同的疏水阀，其蒸汽自耗量差异也很大。当疏水阀失效时，蒸汽的泄漏量常常大于 3kg/h。

表 3-26 部分蒸汽疏水阀消耗蒸汽的情况

项目	热动力式	万向连接倒吊桶式	万向连接自由浮球式	自由浮球式
蒸汽自耗量/(kg/h)	0.8~1.85	0.90~1.00	0.51	0.05

3.3.1.2 蒸汽分压供汽

在纺织印染生产中，蒸汽会在多个工序中使用，并且需要不同压力的蒸汽。例如，定形机定形时，蒸汽压力必须要大于等于 21kg，蒸汽过大时，会造成蒸汽的浪费；蒸汽过小时，不仅会导致加热或烘干时间过长，而且还可能达不到工艺要求的温度。许多企业在使用蒸汽过程中没有较详细地分析需用蒸汽的特点，没有根据需用蒸汽的特点来设定相应的蒸汽压力，从而导致蒸汽消耗量过大。

3.3.1.3 化学品自动称量及输送系统

印染生产过程中，需要用到大量的染化助剂。依靠手工进行染化助剂的称取和输送不仅需要较多的劳动力，而且容易产生人为的失误，导致生产工艺无法真正执行和保证产品质量，生产工艺一次成功率低。运用化学品自动称量和输送系统可以大大减少人员需求，降低劳动强度，最重要的是大幅降低人为的失误，将工艺一次成功率提高 10%~15%，降低生产过程的水耗、能耗和物耗，进而降低温室气体的排放。

3.3.1.4 高温介质管道阀门的保温

高温介质管道，包括蒸汽管道和导热油管道。高温介质管道的保温已经得到大多数企业的重视，尤其是高温介质管道阀门的保温，其节能降碳效果较为明显。表 3-27 是部分蒸汽管道阀门保温前后的数据。

表 3-27　部分蒸汽管道阀门保温前后的情况

蒸汽管道阀门	表面温度/℃		总损失/kW		年度损失/MJ		节约率/%
	保温前	保温后	保温前	保温后	保温前	保温后	
DN150	180	50	0.345	0.054	9227.518	1456.38	84.22
DN80	180	50	0.098	0.015	2540.04	400.89	84.22
DN50	150	50	0.019	0.0036	493.45	100.22	79.69

由表 3-27 可知，蒸汽管道阀门保温后，热损失大大减少，从而温室气体排放量也有相应的减少。

3.3.2　印染生产减排技术

3.3.2.1　针织物平幅连续生产

针织物平幅连续生产，包括平幅连续煮漂和平幅连续水洗，是针织物染色生产一大重要的技术进步。该技术不仅大幅提高了生产效率，也大幅降低了生产所需的水耗、能耗和物耗，进而使温室气体的排放大幅降低。表 3-28 是一家企业运用平幅连续煮漂工艺前后染色生产的碳排放对比。

表 3-28　采用平幅连续煮漂工艺前后染色生产的碳排放对比

项目	传统煮漂染色	平幅连续煮漂	对比	备注
工艺描述	煮漂和染色均在染色机进行	平幅煮漂，染色机染色和水洗	—	—
蒸汽消耗量	8.91t/t	7.82t/t	-12.23%	—
水消耗量	112m³/t	97m³/t	-13.39%	工艺水量
电消耗量	1541kW·h/t	1443kW·h/t	-6.36%	—
碳排放	3.43tCO_2e/t	3.07tCO_2e/t	-10.50%	仅算染色能耗碳排放

由表3-28可知，在针织物染色生产过程中，使用平幅连续煮漂机将显著降低染色生产的能耗、水耗、电耗和碳排放量。

3.3.2.2 低浴比染色技术

低浴比染色技术是近十几年大力推广的技术，对印染行业的用能水平和用水水平的提高起到十分重要的作用。染色时低浴比在1∶6或以下，属于低浴比染色。低浴比染色技术的推广和应用可以显著降低能耗、水耗以及染化助剂的消耗。

3.3.2.3 机织布短流程退煮漂技术

经过十几年的设备改进和工艺改进，机织布的退煮漂工艺大幅改进，缩短了生产流程进而减少了能耗、电耗和水耗。

3.3.2.4 定形机废气余热回收利用

定形机废气排放带走的热量较大，有很高的回收利用价值。据初步估计，30%左右的定形机配置了废气余热回收装置，大幅提高了能源利用效率。定形机废气余热回收后，降低了废气的排气温度，使得废气中部分有机污染物凝结，降低了废气中污染物的浓度，为后续的废气治理创造了良好的条件，有利于废气的治理。定形机废气余热回收和利用有较多的方式，其回收率和利用率也各有不同，回收率一般在10%～25%。目前，还缺乏相应标准或技术规范对定形机废气余热回收利用进行衡量或评价。在实际过程中，定形机废气余热回收利用对降低染整生产的能耗和温室气体排放具有明显的效果。

3.3.2.5 多纤维织物一浴法染色

随着纺织产品的多样性发展，织物所含纤维种类也越来越多。对于多纤维染色，传统的方法是两浴两步法。两浴两步法染色工艺用时长，水耗和能耗多，温室气体排放量大。将两浴两步法染色工艺改进为一浴法染色工艺可以显著减少能耗和温室气体的排放，提高生产效率。

以改性涤纶/锦纶弹力针织面料为例，由两浴两步法染色改为一浴两步法染色，其结果见表 3-29。

表 3-29　改性涤纶/锦纶弹力针织面料两种工艺对比

序号	项目	两浴两步法工艺	一浴两步法工艺	对比	备注
1	耗水量	20t/t	10t/t	-50%	仅涉及染色过程
2	耗电量	493. 2kW · h/t	343. 2kW · h/t	-30%	
3	耗汽量	12. 54t/t	8. 4t/t	-32%	
4	碳排放量	3. 76tCO_2e/t	2. 53tCO_2e/t	-32%	

由表 3-29 可知，多纤维一浴两步法染色比两浴两步法染色有显著的节能节水和碳减排的效果。

3. 3. 2. 6　棉纱无水染色

目前，经典的棉织物染色工艺需要较大量的水和能源。利用极性溶剂和非极性溶剂的相互溶解性能以及活性染料在两种溶剂中的溶解度变化，可以实现棉纤维的无水染色；此外，该工艺还可以实现有机溶剂的回收利用。目前，无水染色工艺已经应用在棉纱染色中。表 3-30 是无水染色工艺与水染色工艺的数据对比。

表 3-30　棉纱无水染色与水染色工艺对比

序号	指标	单位产品消耗量		节约率/%	备注
		无水染色工艺	水染色工艺		
1	染料	0. 03kg/kg	0. 042kg/kg	25. 87	—
2	用盐量	0kg/kg	0. 72kg/kg	100	—

续表

序号	指标	单位产品消耗量		节约率/%	备注
		无水染色工艺	水染色工艺		
3	用水量	7.31t/t	172.11t/t	95.75	无水染色的前处理需要水
4	染色时间	270min	554min	51.26	包括前处理和染色的时间
5	综合能耗	0.99kgce/kg	1.63kgce/kg	39.26	—

由表 3-30 可知，溶剂法棉纱无水染色工艺具有显著的节能降碳效果。

3.3.2.7 等离子织物前处理技术

高效节能等离子织物前处理技术是采用连续稳定的常压低温等离子作用于织物表面，使织物表面发生一系列物理化学改性，增强织物的亲水性和可染性，节水率可达 90%，化学助剂减少 30%，电耗减少 15%，且处理过程无二次污染。

3.3.3 化学纤维生产减排技术

3.3.3.1 化学纤维原浆液染色技术

化学纤维原浆液染色技术适用于化纤企业溶体直纺和切片纺纤维的在线添加。该技术是将着色剂或色母粒在单体聚合时加入，也可以在聚合物溶解（或熔融）前后加入，匹配三原色配色技术，可以得到有色彩的纱线，避免传统纤维的染色工序，1t 纱可节水 100t 以上，节约染色的能耗，具有显著的碳减排效果。目前，该技术已经得到广泛运用。

3.3.3.2 压缩空气系统节能改造

空压机组以及压缩空气系统是化纤生产过程中重要的耗能部分，一般情况下，空压机的电耗占化纤生产电耗的 17%~25%。压缩空气系统节能改造包括合理设置压缩空气供气线路的数量，合理设置压缩空气输出压力以及合理设置压缩空气供气管路。通过压缩空气系统的节能改造可以降低化纤单位产品的电耗以及温室气体排放量。

3.3.3.3　空调系统节能改造

化纤生产企业空调系统节能改造主要包括：

（1）调整新风阀开度。根据室外空气的状态参数变化，掌握各个点焓值变化规律，可以通过调整新风阀开度进行混合风，进而减少能源消耗。

（2）改进喷淋系统。由原来的自来水喷淋加湿系统改为自来水加湿系统和冷冻水喷淋除湿系统。在春夏过渡季节使用自来水喷淋，加湿空气；在夏季的高温、高湿天气，同时使用冷冻水喷淋，对新风空气进行降温预除湿。

（3）优化喷嘴布局。在相同喷水量下，空气通过风室时经过多次加湿，提高加湿换热效果。

3.3.3.4　再生化纤回收利用技术

从产品生命周期分析可见，再生化纤回收利用将会大大减少能源和水的消耗，有利于化纤生产的温室气体减排。再生化纤的生产和使用主要在涤纶和锦纶两种纤维。制备再生化纤的方法有物理方法和化学方法。物理方法是将聚酯废丝回收后，经过粉碎、熔融、提纯和造粒；化学方法是将聚酯解聚成更小的分子，再缩聚成高质量的聚酯切片，纺成长丝。目前，再生化纤回收技术已经得到应用。

第4章 纺织行业温室气体减排重点工程

4.1 绿色低碳制造重点工程

4.1.1 重点耗能设备的低碳化

4.1.1.1 高效低耗能染色机

染色机是用途最广的染整设备之一，也是染色生产的主要耗能设备。目前，我国染色机设计和生产水平已有很大提高，为染整行业节能降耗做出了积极的贡献。与碳达峰的要求相比较，染色机的能源利用效率仍有提高的空间，仍需进一步提高。例如，大多数染色机的热效率平均值达不到60%，这不仅与染色机的设计有关，也与生产实际过程有关。但是，染色机热交换效率有限、染色机保温效果不佳以及染色机结构不合理是主要影响因素。同时，染色机还要向自动化和智能化方向发展，需要改变或者颠覆目前的染色机设计思路。

4.1.1.2 热泵技术

在染整生产过程，有大量温度高于50℃的废水余热没有被回收利用，例如，蒸汽在定形后产生的热水，高温染色后的废水；部分水洗后的废水等。目前的热泵技术尚不能满足高温废水余热回收的需要，如果研发出回收效率更高的热泵技术，可充分回收高温废水的余热，并将回收的余热用于染整生产过程，将大幅降低染整生产的能耗。

4.1.2 重点耗能工艺的低碳化

4.1.2.1 活性染料溶剂染色技术

活性染料溶剂染色技术在棉纱染色生产中已经取得成功，实践表明，该技术具有十分显著的节能、节水、节盐以及碳减排的效果，所使用的有机溶剂回收再利用的比例也很高，表现出十分引人瞩目的发展前景。要实现该技术的广泛应用仍有许多的技术问题需要解决，尤其是在织物染色中的应用，需要相关行业的支持。例如，制备适用于溶剂染色的活性染料，制造适用于溶剂染色的染色机，制造专门用于染色溶剂回收的设备等。

4.1.2.2 冷堆法染色技术

冷堆法技术是一种以时间和空间换能源的技术。该技术已有较长的历史，在机织布的前处理和染色过程中使用较为广泛。冷堆法技术包括冷堆法前处理和冷堆法染色技术。冷堆法前处理应用广泛，较为成熟。冷堆法染色技术的应用仍需要改进和完善，尤其是在针织物染色过程，冷堆法染色技术仍存在较多需要攻关的技术难题，如活性染料的选择、染色助剂的实用性、染色设备的适应性以及自动化控制等。突破冷堆法染色技术在针织物染色生产中的应用难点，对染整生产的节能减碳有着十分重要的意义。

4.1.2.3 涂料染色技术

与染料染色相比较，织物的涂料染色工艺具有更低能耗、更低水耗

和更少 CO_2 排放的优势。织物的涂料染色要解决好色牢度（包括沾色牢度和变色牢度）、手感和透气性等问题。开发优质的适用于涂料染色的助剂，广泛推广涂料染色产品，将有利于染整生产的节能、节水、降耗和减碳。

4.1.3　生产车间的低碳化

生产车间是各种生产工序的场地。生产车间本身的使用、生产工序的实现等都与车间的布局和管理等方面有关。生产车间的低碳化是纺织企业低碳化的重要内容之一。

4.1.3.1　合理的生产车间布局

生产车间的布局决定了生产工序衔接的合理性、原材料和中间产品的运输和储存等，甚至还会影响原材料的损耗和中间产品的质量。合理的车间布局应该是：

（1）有利于各个工序的衔接。

（2）中间产品具有较短的运输流程。

（3）容易寻找和提取中间产品。

（4）对中间产品不会造成质量问题。

4.1.3.2　生产车间环境的低碳化

生产车间环境的低碳化主要表现在：

（1）绿色照明，充分利用自然光，具有较低的照明能耗。

（2）合理通风，在满足室内环境要求的情况下消耗最低的能耗。

（3）车间内交通畅通。

（4）生产信息传达迅速、准确、有效。

4.1.3.3 生产计划与管理

生产车间的低碳化还表现在生产计划和管理方面，主要表现在：

(1) 不频繁地更换生产工艺参数。

(2) 合理地使用和调配生产设备。

(3) 有序地安排生产单，减少无效的水耗和能耗。

(4) 保证生产设备的高效使用。

(5) 员工的高效利用。

4.1.4 再生能源利用

属于再生能源的有太阳能、风能（陆地风能和海上风能）、地热、地表面水温度、潮汐能、水能、氢能以及生物质能源等。纺织生产中部分能源消耗是为了达到一定的高温，从客观上限制了再生能源的使用。因为许多再生能源只能达到较低的温度，或者先用于发电，再利用电产生较高温度。因此，要较大规模地使用再生能源需要一定技术突破和政策改变。

低成本地使用再生能源有以下的方向：

(1) 太阳能。用于光伏发电和太阳能产生热水。

(2) 地热。直接利用地热的热水或产生热水，用于生产。

(3) 地表面水温。利用地表面水温与环境的温差，可用于办公室、生产以及生活的空调系统，即夏天利用地表面水温低于环境温度，用于制冷；冬天利用地表面水温高于环境温度，用于供暖。

(4) 风能。风力发电，其电力可用于各个方面。

(5) 生物质能源。可用于锅炉等的燃料。

(6) 潮汐能和氢能。在一般情况下较难利用，在此不做讨论。

4.2　纺织工业园区低碳水平评价

随着全国各地纺织工业园区的建设和完善，纺织企业不断进入工业园区，使得纺织工业园区成为纺织企业和纺织集群的重要载体，因此，纺织工业园的低碳建设和碳零排放成为纺织行业碳减排的重要内容之一。开展工业园区低碳建设和低碳评价将有利于园区和行业碳减排。

目前，尚未对纺织工业园区做出明确的定义，在实践中，纺织工业园区可以分成两类，即单一型纺织工业园区和混合型纺织工业园区。由于两类工业园区内的行业有所区别，在碳评价等方面也应有所区别或差异。

4.2.1　纺织工业园区的定义

当纺织企业占园区规模以上企业超过 75%时，可以认为此园区为单一型纺织工业园区；当纺织企业占园区规模以上企业超过 50%且小于 75%的园区认为是混合型纺织工业园区。

4.2.2　纺织工业园区的技术要求

4.2.2.1　基本要求

参与评价的工业园区必须满足以下要求：

（1）参与评价的工业园区必须在评价前一年内，园区企业没有发生重大环境事故、安全事故或其他负面影响较大的事件。

(2) 工业园区内的生产企业没有使用明令限期淘汰的落后生产工艺和设备。

(3) 工业园区的建设符合相关的政府文件，如土地规划、能源消耗总量、环境评估等。

4.2.2.2 数据统计要求

(1) 统计数据应是评价期内一年的数据。

(2) 有关证明文件应在有效期内。

(3) 统计数据是以规模以上企业的数据为基础。

4.2.3 纺织工业园区的评价体系

评价体系有清洁生产水平、碳减排管理、能源利用状况、资源综合利用和企业或产业关联度等五个一级指标。在每个一级指标下设有若干个二级指标。

评价体系包括一级指标及其权重值、二级指标及其权重值和二级指标的具体要求。纺织工业园区低碳水平评价体系见表 4-1。

表 4-1 纺织工业园区低碳水平评价体系

序号	一级指标	一级指标权重值	二级指标		二级指标权重值	具体要求
1	清洁生产水平	20	企业清洁生产水平	纺织企业	0.4	[a]≥90%的纺织企业达到清洁生产Ⅲ级或以上水平，同时，≥50%的纺织企业达到清洁生产Ⅱ级或Ⅱ级以上水平
2					0.2	[b]≥90%的纺织企业达到清洁生产Ⅲ级以上水平，同时，≥40%的纺织企业达到清洁生产Ⅱ级或Ⅱ级以上水平

续表

序号	一级指标	一级指标权重值	二级指标		二级指标权重值	具体要求
3	清洁生产水平	9	企业清洁生产水平	其他行业企业	0.2	[b]≥70%的其他行业企业达到本行业清洁生产Ⅲ级或以上水平，同时，≥30%的其他行业企业达到本行业清洁生产Ⅱ级或以上水平
4			园区整体水平		0.20	园区获得过省级以上政府部门认定的绿色工业园区、生态园区、节能园区、节水园区或循环经济园区等称号，且还在有效期内
5			园区公共机构		0.1	应符合节约型公共机构的要求
6			园区供能企业		0.1	应达到或优于相应的清洁生产Ⅱ级水平
7			园区供水企业		0.1	应达到或优于相应的清洁生产Ⅱ级水平
8			园区废水处理厂（含净化水厂）		0.1	应达到或优于相应的清洁生产Ⅱ级水平
9	碳减排管理	30	园区整体万元产值 CO_2 排放量		0.20	应低于同期园区所在省的平均值①
10			企业碳排放管理		0.10	≥80%的企业开展碳排放核算和报告
11					0.10	≥10%的企业制定减排规划和年度目标。温室气体减排目标包括排放总量和排放强度
12					0.15	有减排规划和目标的企业、碳排报告企业和碳排放履约企业，100%达到年度目标的企业超过80%
13			园区碳排放管理		0.10	开展园区碳排放源和排放情况调查，制定减排规划和目标

续表

序号	一级指标	一级指标权重值	二级指标	二级指标权重值	具体要求
14	碳减排管理	30	园区碳排放管理	0.10	园区新引入的企业，其万元产值 CO_2 排放量低于园区现有的万元产值 CO_2 排放量
15				0.10	有年度碳减排目标的企业中，未能完成年度碳减排目标的企业不得超于10%
16			碳捕获技术的研发与应用	0.15	园区或园区内企业开展研究或应用碳捕获技术
17	能源利用状况	20	能源利用效率	0.30	≥85%的规上企业的能源利用效率≥55%
18			园区能源管理	0.20	园区建立能源管理或控制中心，对园区内≥80%的规上企业蒸汽和电消耗实施实时监控，或对园区≥80%的蒸汽消耗量和电消耗量实施实时监控
19			再生能源	0.20	园区总的再生能源占总能耗的比例≥10%
20				0.20	≥50%或企业使用了再生能源
21			园区公共建筑和道路	0.10	绿色照明≥70%
22	资源综合利用	20	园区绿化用水	0.15	非常规用水率≥20%②
23			余热资源回收利用率	0.20	≥40%
24			蒸汽冷凝水回收利用率	0.20	[a] 园区统计应≥75%，包括企业回收利用、园区集中回收利用 [b] 园区统计应≥70%，包括企业回收利用、园区集中回收利用

续表

序号	一级指标	一级指标权重值	二级指标	二级指标权重值	具体要求
25	资源综合利用	20	纺织品废料	0.15	分类回收率≥95%
26			纺织助剂废旧包装材料	0.15	回收率≥95%，其中，可重复利用的包装材料重复利用率≥85%
27			盐和元明粉	0.15	[a] 有回收并再利用
28			其他一般固废	0.15	[b] 分类回收率≥75%
29	企业或产业关联度	10	企业间生态关联度	1.0	[a] ≥0.25
30			循环经济产业链关联度	1.0	[b] ≥35%

注　表中标注a的二级指标适用于单一型纺织工业园区；标注b的二级指标适用于混合型纺织工业园区。

①同期园区所在省万元产值CO_2排放量数据应以所在省统计局公布的数据或统计年鉴为准。如得不到该数据，可以用万元产值综合能耗数据代替。

②非常规用水包括雨水、废水处理的中水等。

4.2.4　纺织工业园区的评价方法

4.2.4.1　得分要求

满足二级指标中的基本要求即可得分，不能满足二级指标中的基本要求就不能得分。

4.2.4.2　总分计算

纺织工业园区低碳水平评价的总得分为各个一级指标得分之和，计算式为：

$$\rho = \sum_{i}^{n} Y_i \sum_{j}^{m} X_{ij}$$

式中：ρ——纺织工业园区低碳水平的总得分；

Y_i——第 i 个一级指标权重值；

X_{ij}——第 j 个二级指标权重值。

4.2.4.3 缺项处理

当被评估的纺织工业园区缺乏对应评价的二级指标时为缺项。缺项的权重值按比例分配到同一一级指标中的二级指标中。

4.2.5 纺织工业园区的评价结果与评价指标的计算方法

4.2.5.1 评价结果

当得分≥60 分时，被评价的纺织工业园区可认定为符合低碳纺织工业园区的要求，并且得分越高，工业园区的低碳水平越高。

当得分<60 分时，被评价的纺织工业园区被认为未能达到低碳纺织工业园区的要求，不能认定为低碳纺织工业园区。

4.2.5.2 评价指标计算方法

评价指标体系中各种指标的计算方法可见附录。

4.3 纺织工业园区重点工程

4.3.1 调整纺织工业园区能源消耗结构

4.3.1.1 推广和管理光伏发电

工业园区一般具有厂顶闲置屋顶，面积较大，遮挡物少，由于企业自身用电量大等特点，建设以自发自用为主的分布式小型光伏电站具有特别优势。工业园区光伏发电和运用有两个重点：

一是充分利用园区的优势，整合工业园区企业屋顶和立面资源，广泛建设光伏电站，扩大光伏发电的规模，减少碳排放量，这是工业园区碳减排的重要举措之一。

二是对园区的光伏发电系统进行统一管理和调配，以提高光伏电站的利用效率。对园区光伏发电系统实行统一的规划、设计、运营和维护，实现辖区内的光伏等分布式发电单元的统一管理，实时掌握各电站与电网的匹配度，可以根据天气情况和负荷情况，精确预测光伏电供给与区域需求的关系，精准调控匹配供电负荷，配套合理的储能设施，保障太阳能顺利消纳。

4.3.1.2　推广天然气的使用

用天然气替代煤、蒸汽或其他化石燃料可大幅度减少温室气体的排放。天然气的热效率高于煤，有利于减少温室气体的排放，在工业园区内用天然气取代煤等作为热电厂或蒸汽锅炉的燃料以及用天然气取代蒸汽作为定形机的热源，都可以显著减少碳排放。

4.3.1.3　综合利用再生能源

通常情况下，工业园区的占地面积较大，具有充分利用再生能源的优势。除了太阳能外，还应该尽可能地利用地热、地表面水温差、生物质能源和风能等。工业园区中，利用再生能源要尽可能建立统一的控制和管理系统，以达到充分利用的目的。在利用再生能源的同时，要与园区余热回收利用结合起来。

4.3.1.4　园区终端一体化集成供能系统

推广园区终端供能系统统筹规范和一体化建设，优化布局园区电力、燃气、供热、供冷、供水等基础设施，建立园区供能监控系统，实现园区电、气、热、冷等负荷就地平衡调节，多能互补和协同供应，实现能源综合效率最大化。

4.3.1.5 园区安全高效储能工程

储能技术具有削峰填谷的重要作用，在产能高峰期时，可以将未消耗的一部分电能储存起来，待产能低谷期出现时，再将电能释放，用于减轻波动，使得电网或者负载正常运行。工业园区用能的特征之一是能源需求量变化较快、较大。安全高效储能系统是园区实现平稳供能供电的关键之一，是光伏、风力等能源发电不稳定的关键解决方案，也是多能互补综合能源系统的重要环节，应积极推广工业园区安全高效储能、蓄热、蓄冷示范应用，如图 4-1 所示。

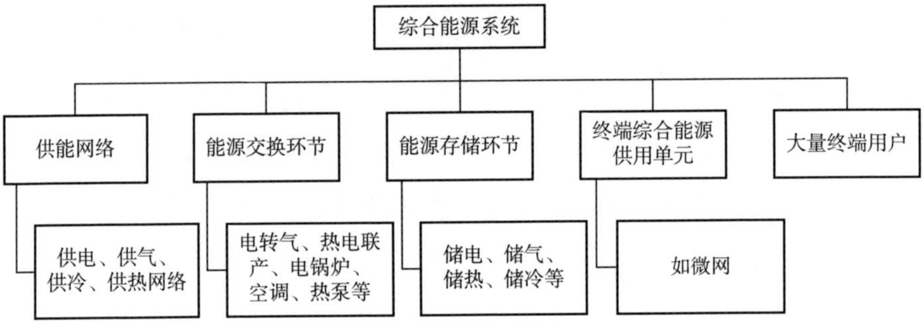

图 4-1 工业园区综合能源系统示意图

4.3.2 加强纺织工业园区能源供给管理

4.3.2.1 纺织工业园区和企业碳排放监测平台

温室气体排放核算是掌握排放特征、制定减排政策、评价降碳效果的重要基础。建立园区碳排放监测示范工程，通过大数据、人工智能等数据技术，以在线监测的方式更为精准地实现园区碳排放量的核算，提高园区碳排放数据的准确性。建立园区和企业碳排放模型，建设园区和企业的碳排放核算监测和分析系统，实现园区碳排放在时空、区域、源头、形式和强度等方面的核算和分析。

4.3.2.2　纺织工业园区能源的多级供给和多级使用

充分利用和发挥园区形成循环经济、减少碳排放的特点，在园区和企业碳排放监测平台的统计基础上，建立园区碳减排路径分析平台，根据园区和企业用能和碳排放规律特点，提出园区和企业减少碳排放的途径与方法。例如，园区化工厂的冷凝水回收后给印染厂使用，既减少了化工厂废水的产生和排放，又使蒸汽热能得到充分利用，减少碳排放。

4.3.2.3　建立园区余热回收利用系统

在有条件的工业园区内，不仅要鼓励各个企业之间资源或能源的综合利用，还要建立园区统一的余热回收利用系统。例如，在园区内有部分企业的冷凝水或冷却水的排放量较少，企业本身有没有回收利用的意义，园区可以集中或者分区域进行回收，加热新鲜水，再向企业供新鲜热水，实现园区余热系统回收和利用。

4.3.3　调整纺织工业园区产业结构

我国工业园区的建设对环境管理和企业的提升起到十分重要的作用。然而，工业园区的建设也带了一定的弊病，如行业专一工业园区在资源综合利用方面的作用很小。要更好地发挥工业园区的作用和功能，要达到减污降碳的协同效益，有必要调整园区产业结构。调整园区产业结构的目的有建立静脉经济，提高资源综合利用水平，降低园区万元产值碳排放量，实现减污降碳的协同效益。

4.3.3.1 延长行业产业链

在专业纺织工业园区中应该考虑延长行业产业链，例如，在纺织印染工业园区中增加制衣、纺织品设计等产业企业。通过引进纺织品设计和制衣等产业，可以减少中间产品的运输，加强各个生产链之间的联系，就行业的共性技术协同攻关，同时还可以降低园区万元产值的碳排放量。

4.3.3.2 发挥园区资源综合利用的优势

纺织工业园区可以在适当的情况引进其他行业企业，提高资源综合利用水平，达到减污降碳协同增效，例如，纺织印染行业与化工行业相互之间可以进行余热、废水的相互利用；纺织印染行业可以有效利用食品饮料行业的废水。

4.3.3.3 扩大生产服务型产业

要实现工业园区内万元 GDP 碳排放量下降就需要延长必要的产业链。积极响应国家提倡和鼓励发展生产服务型产业的号召，在纺织工业园区内，延伸或扩展生产服务型产业，包括节能、环境保护、设备维护和保养、工艺设计、产品设计、企业管理、企业信息化或自动化等企业或产业，有助于园区内纺织企业的提升，也有利于工业园区的低碳发展。

4.4　纺织产品绿色消费工程

4.4.1　绿色纺织产品的设计与开发

绿色低碳产品是指生产过程中碳排放量较低的产品或整个生命周期中碳排放量较低的产品。绿色纺织产品设计与开发要结合纺织品的特点，即在低碳要求的基础上，再加上时尚的理念和实用的功能。要做好绿色纺织产品的设计与开发需要做好以下工作：

（1）要端正观念和提高认识，在设计和开发绿色纺织产品时要有主动意识，要引导消费者去认识绿色产品，并接受绿色产品。

（2）绿色纺织产品的设计与开发一定要突出新颖性和独特性。

（3）绿色纺织产品的设计与开发必须是一个系统工程，要做好设计、试产、试销、大生产和销售等各个环节。

4.4.1.1　新型纤维或纱线产品

新型纤维或纱线产品可以说是绿色纺织产品的基础之一，应加大研究和开发易印染加工或使用性能更佳的纤维的力度。易印染加工的纤维可以减少印染生产过程中能源消耗和碳排放，实现低碳化；使用性能更佳的纤维可以减少在使用过程的能耗和碳排放，实现产品在使用过程和生命周期中的低碳化。

4.4.1.2　新型功能产品

新型功能产品的研发与设计可以减少产品在使用过程中的碳排放。

在新型功能产品的研发过程中，要注意开发产业用和家用的功能性纺织产品，如高效保暖、透风凉爽等纺织品。

4.4.2 低碳产品的关键共性技术

4.4.2.1 高效耗能设备的研究与开发

目前，纺织生产中正在使用的耗能设备的能效水平仍有待提高，部分耗热设备的综合热利用率在50%以下，部分耗电设备的有效率也很低。耗能设备在使用过程中表现出较低的能源利用效率，与生产管理和过程有关，也与设备本身的设计和制造有关，如热交换器的效率不高等。

4.4.2.2 高效助剂或催化剂的研究与开发

在纺织印染和化纤合成过程中，需要使用纺织助剂或催化剂。在纺织印染生产过程中使用高效助剂可以减少生产过程中的能耗和碳排放，例如，使用高效固色剂或洗涤剂，可以减少染色过程中的洗涤次数；代替碳酸盐作为活性染料的固色剂，可以直接降低生产过程的碳排放。化纤生产中使用高效的催化剂可以提高成品率以及降低生产过程的能耗。

4.4.2.3 纺织品产业链综合性的研究与开发

纺织品产业链综合性的研究与开发是指组织整个纺织产业链上的各种生产企业联合起来开发新产品，即从纤维的获取到成品制备整个生产链的组合。产业链上企业的合作研究与开发可以使新产品快速地进入市场，突破新产品在研发或生产过程中出现的瓶颈。

4.4.2.4 计算机模拟系统的研究与开发

要实现大量且快速地研究与开发纺织新产品，不能仅依靠实践的摸索，还应充分利用大数据，运用计算机模拟系统，模拟新产品的生产过程，预测新产品的性能，提高研发的速度和效率，降低研发的成本。

4.4.3　废旧纺织品的回收和利用

废旧纺织品的回收和利用是纺织行业碳减排的一个主要方面，也是纺织行业实现减污降碳协同效益的实例。在废旧纺织品回收和利用过程中需要攻关的关键技术有：废旧纺织品中纤维的分离和回收技术、废旧纺织品脱色技术、废旧纺织品纺纱技术、废旧纺织品染色技术等。在废旧纺织品回收和利用工作中还要建立完善的废旧纺织品回收系统。

4.5　“双碳”目标实施保障工程

4.5.1　指导企业碳排放量核算

纺织企业开展碳排放量核算是实施纺织行业碳达峰最基本的工作。通过对企业碳排放量的核算才能清楚企业碳排放水平，也只有在核算的基础上才能制定减排规划和减排目标，并进一步实施减排措施，实现减排。

4.5.2　推进纺织行业清洁生产工作

纺织行业，尤其是印染行业的清洁生产工作，是我国开展清洁生产最早的行业之一，也是我国清洁生产工作重点行业之一。清洁生产强调“节能、降耗、减污、增效、减碳”，是碳达峰的基础。2000 年开展的清洁生产工作，对纺织行业的提升改造起到很大的作用。但是，在部分地区或企业，清洁生产工作只是走过场、重形式，未重视深入企业，没有结合纺织企业的实际，没有解决企业的实际问题。同时，纺织行业的环境风险较大，许多清洁生产工作的重点都放在提高环境保护和环境治理方面，而忽略了企业清洁生产水平的提高。在碳达峰过程中，要深入开展纺织行业清洁生产，不断挖掘清洁生产的潜力，不断敦实企业清洁生产基础，这些都是碳减排的基础。

4.5.3 推行绿色纺织产品

当一个产品确定后，该产品生产过程或使用过程中的碳排放量已经基本确定。要从根本上实现碳减排就必须重视绿色产品的设计和研发。目前，纺织行业开展绿色产品设计的工作不能满足碳达峰的需要。截止到2023年，中华人民共和国工业和信息化部已经公布了6批绿色产品目录，表4-2为已公布绿色产品数量的统计及绿色纺织产品数量和占比。

表4-2 已公布绿色产品数量的统计及绿色纺织产品数量和占比

批次	绿色产品目录总数/个	绿色纺织产品数量/个	绿色纺织产品占比/%
1	193	0	0
2	53	7	13.21
3	495	35	7.07
4	354	45	12.71
5	1070	163	15.23
6	990	112	11.31
合计	3155	362	11.47

注 表中绿色纺织产品中包括化学纤维。

由表 4-2 可知，从第 1 批到第 6 批，绿色纺织产品的占比有所增加，基本上在 11%~15%。从总体上看，不论是绿色纺织产品的绝对数还是相对数都偏低。粗略估计，全国纺织产品的种类超过 100 万种，而目前被评为绿色纺织产品的仅有 362 种，约占 0.03%。这与纺织行业的地位和纺织产品生产状况是严重不匹配的。在纺织行业中推行绿色产品设计与研发仍有较大的潜力，需要做大量的工作，力争绿色纺织产品占比达 8%左右。

4.5.4　推进创建纺织绿色工厂

创建纺织绿色工厂的工作也是实现碳达峰的重要基础工作之一。表 4-3 是国家已经公布的绿色工厂数量的统计及纺织绿色工厂数量和占比。

表 4-3　绿色工厂数量的统计及纺织绿色工厂数量和占比

批次	绿色工厂总数/家	纺织绿色工厂数量/家	纺织绿色工厂占比/%
1	201	3	1.49
2	208	12	5.76
3	391	20	5.12
4	602	29	4.82
5	719	28	3.89
6	673	33	4.90
合计	2794	125	4.47

由表 4-3 可知，纺织行业绿色工厂仅 125 家，而纺织行业规上企业约为 3.3 万家，绿色工厂的占比仅约为 0.38%，与纺织行业的规模十分不相称，因此不能适应碳达峰的要求。

4.5.5 推行产品碳足迹标识

纺织产品是面向全民的产品，全民低碳意识的提高对实现碳达峰具有积极的作用。推行产品碳足迹标识既有利于生产企业减少生产过程中的碳排放，也有助于培育全民的低碳意识。全民低碳意识的提高反过来有利于企业和社会低碳发展，从而为实现碳达峰提供一定的保障。

4.5.6 开展企业低碳水平评价

实现碳达峰，企业的低碳水平是一个重要的因素。开展企业低碳评价就是要在碳减排管理、碳排放量和排放强度、碳减排目标的实现、碳减排技术和工艺的应用等方面对企业进行全面的评价。通过对企业低碳水平进行评价可以使企业认识到在碳减排方面存在的问题和差距，从而有利于企业作进一步的改进和提高。

对企业低碳水平的评价应与创建绿色工厂以及纺织企业的清洁生产审核等工作相结合。企业低碳水平评价和绿色工厂以及清洁生产审核在主要目标方面是一致的，而在具体的指标方面有所不同。为了减少企业的工作量和工作难度，可以考虑将三者相结合。

4.5.7 开展园区低碳水平评价

纺织工业园区已经成为纺织企业的主要集聚区和主要载体，开展园区低碳水平评价能够更加有效地促进园区企业低碳发展。园区低碳水平评价将包括企业的低碳水平、园区办公机构和服务机构的低碳水平以及园区综合水平。同样，园区低碳水平评价可以与创建绿色园区的工作相结合。

4.5.8　制定和实施碳减排标准

碳减排标准将包括单位产品碳排放量和排放限额标准、主要耗能设备或工序碳排放量和排放限额标准等。单位产品碳排放量和排放限额标准可以建立在单位产品综合能耗或能耗限额标准的基础上。目前，在纺织行业中仅有多个化学纤维制造制定了能源消耗定额标准，而在纺织、印染和制衣等细分行业尚未制定相应的能源消耗定额标准。要推动纺织行业碳减排或碳达峰工作就有必要制定和实施碳排放限额标准。由于能源消耗产生的碳排放量占总排放量比例较大，可将制定碳排放限额标准与能源消耗定额标准结合起来。随着碳达峰工作的深入，不仅要制定单位产品碳排放限额标准，还需要制定主要耗能设备或工序碳排放限额标准。制定碳排放限额标准将会促进企业碳减排工作，也将给各地政府一个有效的抓手。

4.5.9　再生能源利用研究

改变能源结构是纺织行业碳减排的一个重要方面，使用再生能源是改变能源结构有效的途径之一。再生能源的使用会受到地区的自然环境的影响，尤其是纺织行业生产中还需要较高温度的能源。开展再生能源利用的研究不仅需要使用和利用再生能源的技术研究，同样需要政策研究。

4.6 减碳技术应用基础研究工程

4.6.1 CO_2 捕获技术

目前，在纺织生产企业或纺织工业园区中，蒸汽锅炉仍是以煤或天然气为燃料。煤或天然气燃烧后仍会产生和排放大量的 CO_2，这是纺织行业碳排放最主要的部分。开展蒸汽锅炉烟气中 CO_2 捕获技术的研究和推广对纺织行业碳减排具有很大的意义。

4.6.2 废水处理深度厌氧技术

纺织废水在酸化水解或厌氧处理过程中会释放出甲烷，甲烷是重要的温室气体之一。在大多数处理流程中，所产生的甲烷浓度较低，不能收集和利用，若将污染物浓度较高的废水集中起来，实施深度厌氧，使产生的甲烷浓度升高，即可进行收集，并作为燃料利用。这样不仅可以减少温室气体的排放，还可以减少能源的消耗。

4.6.3 印染生产碳酸盐替代技术

印染生产过程所用到的碳酸盐是纺织行业温室气体排放的主要来源之一。用其他助剂或化学品替代碳酸盐将是碳减排的关键方法。在印染生产中，碳酸盐主要用于织物前处理、活性染料固色等方面，每个方面利用碳酸盐的不同性质，因此，需要有针对性地进行研究，需要在不同工序采用不同的化学品或助剂。

4.6.4　蒸汽高效利用技术

随着纺织工业园区的兴起以及纺织企业入园区数量的增加，纺织企业使用蒸汽量也随之增加，而且使用蒸汽的品种也在增加，因此提高蒸汽的利用效率对降低行业整体能耗有着十分重要的作用和意义。提高蒸汽利用率包括减少蒸汽输送过程的损耗、提高耗热设备的热交换率、提高耗汽设备的热效率以及蒸汽余热回收利用等。主要的蒸汽高效利用技术包括蒸汽稳压低压使用技术、高效热交换技术以及汽/水混合物的闪蒸技术等。

4.6.5　高效盐碱回收利用技术

在减污降碳协同增效的要求下，就需要在纺织印染废水中回收和利用盐碱。目前，常用的盐和碱回收方法是直接蒸发法。该方法不仅成本高，还需要消耗大量的热能，抵消了部分碳减排的成效。因此开展膜处理、溶剂处理以及其他的方法在盐和碱回收利用方面的研究和开发是十分必要的。

4.6.6　高效余热回收利用技术

在纺织印染生产和化学纤维制造过程中会产生废气和高温废水（温度≥60℃的废水）。由于废气和高温废水的排放量较大，其余热量相当大，值得回收和利用。目前余热回收设备的余热回收效率仍较低，相关制备材料的性能不能满足高效回收的要求。开展高效余热回收利用技术的研究和开发，对提高纺织行业余热回收利用以及提高能源利用效率有积极的作用，对减少碳排放有着重要的作用。

4.6.7 棉纺生产低碳技术

4.6.7.1 推进棉纺电动机节能改造

棉纺生产过程中需要众多的额定功率较低的电动机。由于使用的电动机数量多，也形成较大的耗电量。要减少棉纺的电耗就需要提高棉纺电动机的效率以及对整个电动机网进行节电改造。棉纺电动机的节电改造对减少棉纺生产的电耗以及碳排放具有十分积极的作用。

4.6.7.2 低碳上浆技术

在机织物生产过程中，纱线上浆是重要的一环。推广低上浆、少上浆以及低温上浆等工艺，可以减少上浆过程中的能耗、物耗以及碳排放量。需要深入开展低上浆、少上浆和低温上浆工艺的开发。

4.6.8 化学纤维生产低碳技术

4.6.8.1 聚酯装置余热利用发电技术

聚酯合成工艺中，酯化阶段会产生 103℃左右的酯化蒸汽。以 600t/d 的聚酯生产装置为例，每天会产生约 220t 的蒸汽。在传统的工艺中，酯化蒸汽是通过空气冷却器冷却，需要消耗大量的电能；或者用于溴化锂制冷，而溴化锂制冷方法无法在冬天使用。例如，朗肯循环发电装置利用有机工质低沸点特性，在低温条件（80~300℃）下获得较高的蒸汽压力，并驱动发电机发电，从而实现了由从耗能冷凝到产能的转变。

4.6.8.2 锦纶 6 热切粒技术

在锦纶 6 聚合生产过程采用热切粒技术可以降低生产能耗。传统工艺是采用拉条切粒（冷切粒技术），其生产能力有限，常常需要多台切粒机同时工作才能满足要求。采用热切粒技术可以大大提高生产效率。锦纶 6 聚合工艺中热切系统包括后聚反应器、BKG 切粒系统和切粒水循环系统。BKG 热切粒机仅需要循环水进行冷却，整个切粒过程中全密封无烟气排放。切粒水循环冷却过程中使得公用工程的运行成本大大降低，可以节省溴化锂冷冻机组的成本。

4.6.8.3 纺丝机螺杆料筒电磁加热技术

传统的纺丝机螺杆料筒是使用电热丝方式加热，电热丝加热方式具有热损耗量大、散热严重、寿命短和维修量大等缺点。而利用电磁感应原理对螺杆料筒加热可以减少热能的损耗，使热能效率达到 90%以上，大大地降低纺丝过程的能源消耗。

4.6.9 通用设备和技术优化

4.6.9.1 空压机节能优化技术

纺织行业中，压缩空气系统的电耗占总电耗的 6%～15%。压缩空气系统的节能包括选用低能耗的空压机、合理配置空压机、合理设置压力、合理配置压缩空气干燥和排水、合理设置压缩空气管路以及避免压缩空气的泄漏等。

4.6.9.2 提高生产车间空调系统用能效率

随着高档产品的生产和生产条件的改善，生产车间空调系统的配置会增加，随之生产车间空调系统的电耗也在增加。要减少生产的能耗就需要提高生产车间空调系统用能效率，具体包括利用余热进行热制冷、合理配置空调机、控制生产车间温度等。

4.6.9.3 在企业推行能源管理系统

运用大数据对生产过程的能源消耗进行控制是发展趋势。目前，较多的纺织企业已经建立或配置了能源管理系统或中心。但是，目前大多数能源管理系统或中心仅是记录实时的能源消耗，并没有将能源消耗状况与设备的运行状况结合起来，无法通过控制设备的运行或控制设备运行参数来控制能源的消耗，更没有利用生产的大数据对能源消耗进行分析或控制。

第5章

政策措施建议

5.1 引导产业优化布局

5.1.1 优化产业布局的目的

优化产业布局是实现行业碳减排的重要的且有效的途径，也是建立新型产业链和产业环的必要条件。优化产业布局要达到以下目的：

(1) 充分利用和使用再生能源。根据再生能源的分布特点布局纺织生产，可以充分利用再生能源，减少纺织行业生产过程的碳排放。例如，在西北地区建立纺纱和织布等产业基地，可以充分利用西北地区的太阳能；在沿海地区建立纺织印染等产业基地，可以充分利用海上风能。

(2) 充分发挥地方资源。充分利用地方资源在碳减排角度来看就是减少运输环节以及减少运输环节的碳排放。同时，从社会发展的角度来看，要利用当地的资源和促进当地的发展。

(3) 降低整个产业链的碳排放量。优化产业布局可以降低整个产业链的碳排放量。

(4) 有利于技术开发和积累。产业的优化布局应与当地的技术力量相结合，有利于充分发挥当地的技术力量，尤其是充分利用当地相关产业链的特长，例如，在纺织印染行业要充分利用当地化学、机械等产业的优势。

（5）有利于发挥人才的作用。在一些具有纺织传统产业的地区布局纺织产业，将会起到事半功倍的效果，并有利于纺织产业的延续和继承。

5.1.2 优化产业布局的类型

考虑到纺织生产、各地能源资源的特点以及当地环境等因素，可以建立起部分具有鲜明特点的纺织工业园区：

（1）在我国华北和西北地区建立以太阳能为主要能源结构的纺织工业园区，充分利用当地的太阳能资源以及棉花等资源发展纺纱等产业。

（2）在我国东南沿海一带建立以海上风电和核电为基础的纺织印染工业园区，充分利用沿海的风电。

（3）在四川、成都和贵州等地区建立航天、军工等特殊需要的纺织品生产工业园区。一方面可利用当地的技术力量，另一方面可为当地的航天和军工行业提供服务。

5.1.3 优化产业布局的途径

优化产业布局的重点是优化现有园区和新建园区。优化现有园区就是在现有园区的基础上，引进适当的其他行业，在园区内形成循环经济链或静脉经济，实现资源充分利用，实现减污降碳协同增效。例如，纺织印染行业可以利用化工、陶瓷等行业的余热，而化工和陶瓷等行业可以利用纺织印染行业的废水，等等。优化新建园区就是在园区设计、规划和招商过程中，有意识地引进各种产业，实现产业的资源共享和资源综合利用。

5.1.4　优化产业布局的政策

要优化产业布局需要作相应的政策研究和政策支持，其中最主要的是改变对再生能源使用的看法，及时调整相应的政策，制定有利于再生能源利用的政策。例如，在太阳能、地热、风能、生物质能和环境温度差等再生能源利用方面，完善相关制度和政策，制定相关的产品标准和技术规范。

考虑到工业园区中各产业的互补和资源综合利用，需要调整关于工业园区的政策，对工业园区入园企业要提出新的要求，要以建立工业园区循环经济链为工业园区发展的主要目标之一。

5.2　金融政策支持

5.2.1　碳排放权交易

在纺织行业适当地推行碳排放权交易是促进纺织企业碳减排的有效手段，也是利用金融手段的方法之一。但是，在具体操作上需要考虑纺织行业的实际情况，例如，纺织产品的多样性会导致产品碳排放的多样性，市场的变化也会导致企业碳排放总量的变化。纺织企业碳排放量基数应根据纺织企业的实际情况来确定。同时，考虑到纺织行业不属于碳排放的八大重点行业，在制造业或全社会的角度来看，纺织企业碳排放量的消减还是有限的。

5.2.2 低碳金融

考虑到部分碳减排技术需要较大的资金用于研究和开发，而且部分成熟的碳减排技术的投资回报期较长。设立用于研究和推广低碳技术的基金会，为减碳技术的研发、生产和推广提供一定的资金支持，将有利于促进纺织行业碳减排工作的推进。对减碳技术的支持可以分为基础研究和推广应用两大类。在提供资金支持方面可以有无偿资金资助、贴息、有偿资助或低息贷款等形式，必要时还可以采取入股分成等形式，从而形成基金会资金滚动式发展。

5.3 确保政策措施协调推进

制定并完善增量、存量产能差异化管理制度，以鼓励节能降碳为优先原则，允许先进产能扩大和置换，防止过度反应，有力有序实现绿色转型升级平稳过渡。坚持能耗强度控制重于总量控制的优先原则，优先鼓励降低能耗强度，避免出现“一刀切”限电限产现象，合理保障产能规模大、能效控制达到先进水平的省份、行业和企业的用能需求。

5.4　促进供应链上下游联动

推动建立纺织产业供应链上下游企业供需对接机制，促进上下游、产供销、大中小企业整体配套、协同联动。支持上下游企业加强产业协同和技术合作攻关，增强产业链韧性，提升产业链水平，打造“产学研用”创新生态平台，解决跨行业、跨领域的关键共性技术问题。促进要素协同联动发展，强化实体经济发展导向，促进科技创新、现代金融、人力资源等要素资源顺畅流动。

5.5　创新时尚低碳宣传

开展以可持续时尚为特征的创新时尚宣传，将发展观念与产业实践相统一，以绿色原料、绿色设计、绿色生产、绿色消费为抓手，持续推动产业高质量发展。注重发挥设计大赛等时尚交流平台，融合产业发展，促进跨界时尚的深度融合。联合高校共建可持续平台，促进人才培养，让绿色纺织融入生活。

参考文献

［1］中国纺织工业联合会 . 2022/2023 中国纺织工业发展报告［M］. 北京：中国纺织出版社，2023.

［2］国家统计局 . 2023 中国统计年鉴［M］. 北京：中国统计出版社，2023.

［3］中国国家标准化管理委员会 . GB 36889—2018 聚酯涤纶单位产品能源消耗限额［S］. 北京：中国标准出版社，2018.

附录　纺织工业园区低碳水平评价体系指标计算方法

1. 符合清洁生产水平的企业占比

需要统计的企业是在园区内规模以上的企业，符合清洁生产水平的企业占比可按下式计算：

$$\text{符合清洁生产水平的企业占比}=\frac{\text{符合清洁生产水平的规模以上企业数量}}{\text{园区规模以上企业数量}}\times 100\%$$

2. 园区整体万元产值 CO_2 排放量

园区整体万元产值 CO_2 排放量可按下式计算：

$$\text{园区整体万元产值}CO_2\text{排放量（}tCO_2e/\text{万元）}=\frac{\text{园区}CO_2\text{排放总量（}tCO_2e\text{）}}{\text{园区产值（万元）}}$$

3. 再生能源占比

园区使用再生能源占比可以按下式计算：

$$\text{园区使用再生能源占比}=\frac{\text{园区正在使用的再生能源总量（tce）}}{\text{园区消耗能源总量（tce）}}\times 100\%$$

再生能源包括太阳能、水能、生物质能、地热能、氢能、风能、波浪能等非化石能源。

4. 余热资源回收利用率

园区余热资源回收利用率可按下式计算：

$$余热资源回收利用率=\frac{回收余热资源量（kJ）}{园区总余热资源量（kJ）}\times 100\%$$

5. 企业间生态关联度

企业间生态关联度 CD 可按下式计算：

$$CD=\frac{TE}{AE\times (AE-1)/2}$$

式中：TE——园区总生态工业链数，条；

AE——园区内规模以上企业数量，个。

企业是指园区内从事生产、运输、贸易等经济活动的法人，如工厂、公司等。

6. 循环经济产业链关联度

循环经济产业链关联度可用下式计算：

$$循环经济产业链关联度=\frac{循环经济产业链上企业产值之和（万元不变价）}{园区工业总产值（万元不变价）}\times 100\%$$